工程建设百问丛书

土木工程制图与识图百问

杨谆 编著

中国建筑工业出版社

图书在版编目（CIP）数据

土木工程制图与识图百问/杨谆编著.—北京：中国建筑工业出版社，2004
（工程建设百问丛书）
ISBN 7-112-06986-6

Ⅰ.土… Ⅱ.杨… Ⅲ.土木工程—建筑制图—问答
Ⅳ.TU204-44

中国版本图书馆CIP数据核字（2004）第112907号

工程建设百问丛书
土木工程制图与识图百问
杨　谆　编著

*

中国建筑工业出版社出版、发行（北京西郊百万庄）
新　华　书　店　经　销
北京市兴顺印刷厂印刷

*

开本：850×1168毫米　1/32　印张：6⅛　字数：162千字
2005年1月第一版　2006年12月第四次印刷
印数：8,001—10,000册　　定价：**12.00**元
_____
ISBN 7-112-06986-6
TU・6227（12940）
版权所有　翻印必究
如有印装质量问题，可寄本社退换
（邮政编码　100037）

本社网址：http://www.cabp.com.cn
网上书店：http://www.china-building.com.cn

本书为工程建设百问丛书之一。根据《房屋建筑制图统一标准》(GB/T 50001—2001)、《总图制图标准》(GB/T 50103—2001)、《建筑制图标准》(GB/T 50104—2001)、《建筑结构制图标准》(GB/T 50105—2001)、《给水排水制图标准》(GB/T 50106—2001)、《暖通空调制图标准》(GB/T 50114—2001)、《城市规划制图标准》(CJJ/T 97—2003)等制图类相关标准编写而成，全书主要以问答的形式讲解土木工程的制图与识图，共计129个问题。

本书的主要内容包括：读绘基础、建筑施工图、结构施工图、给水排水施工图、采暖通风施工图、建筑电气施工图、室内装饰设计工程图、道路工程图、桥涵工程图、水利工程图、城市规划图、计算机辅助建筑与装饰图。

本书可供土木工程设计、施工、造价及管理人员使用，亦可作为大中专院校的教学参考书。

* * *

责任编辑　郭　栋
责任设计　刘向阳
责任校对　刘　梅　张　虹

出版说明

为了推动工程建设事业的发展,满足广大读者对这类图书的需要,我社拟陆续出版"工程建设百问丛书"。这套丛书共定为17册(见封四),范围包括建筑工程、安装工程和建筑管理等学科。丛书涵盖的专业面较广,内容比较全面,并有一定深度,主要供工程技术人员、管理人员和工人阅读。本期拟推出其中7册,分别是:

《地下与基础工程百问》
《给排水·暖通·空调百问》
《施工现场专业配合及管理百问》
《建筑防水工程百问》
《建筑施工安全生产百问》
《工程项目管理百问》
《建设工程合同管理百问》

此前,先期推出的八册,已于2000年6月起陆续出版发行:

《建筑结构工程施工百问》
《装饰工程百问》
《建筑工程质量事故百问》
《建筑消防百问》
《电工技术百问(强电)》
《电工技术百问(弱电)》
《建筑工程概预算百问》
《工程建设监理百问》

丛书的作者在编写每册图书时均针对该学科应掌握的政策法规、标准规程、专业知识和操作技术,并根据专业技术人员日常工作中遇到的疑点、难点,逐一提出问题,并用简洁的语言辅以必要的图表,有针对性地、一事一议地给予解答。

以问答形式叙述工程技术问题的图书,预期会受到读者的欢迎。它的特点是问题涉及面广、可浅可深,解答针对性强、避免冗长。读者可带着问题翻阅,从中找出答案,增长才干;初学者可以从阅读中汲取知识和教益,满足自学的欲望。希望我们这套丛书的问世,能帮助读者解决工作中的疑难问题,掌握专业知识,提高实际工作能力。为此,我们热诚欢迎读者对书中不足之处来信批评指正,如有新的问题也请给予补充,协助我们把这套丛书出得更好。

中国建筑工业出版社

2001年6月

前　言

近年来，随着我国经济建设的不断发展，建筑行业从业人员日益增加。然而，建筑施工队伍的整体水平并不是很高，提高从业人员的基本素质是当务之急。看懂施工图是对建筑施工技术人员、监理人员和管理人员的最基本要求，也是最需要解决的问题。本书采用目前最新的制图规范，以问答方式针对土木工程图识读中的一些常见问题做了全面和详细的解答。语言通俗易懂，针对性强，查阅方便，适用于初、中级技术人员使用，同时也可作为大中专院校的教学参考书。

本书分为十二章，共129道问题，分别对读绘基础、建筑施工图、结构施工图、给水排水施工图、采暖通风施工图、建筑电气施工图、室内装饰设计工程图、道路工程图、桥涵工程图、水利工程图、城市规划图、计算机辅助建筑与装饰图等各类土木工程图的识读方法进行了详细阐述。

本书由杨谆编著。参加编写的还有王彦惠、王宁、唐琦、徐志敏、徐瑞洁。由于该书内容涉及面广，实践性强，加之时间仓促和编写水平有限，错误和不当之处在所难免，恳切希望读者给予批评指正。

目 录

第一章 读绘基础

1. 学习土木工程图的意义是什么？ ………………………………… 1
2. 土木工程图涉及的范围有哪些？ ………………………………… 1
3. 画法几何学与工程图样的关系是什么？ ………………………… 2
4. 什么是投影？投影与影子有何区别？ …………………………… 2
5. 为什么工程图样主要是采用正投影的方法绘制的？ …………… 4
6. 土木工程中常用的投影图有哪些？ ……………………………… 4
7. 正投影的主要特性有哪些？ ……………………………………… 6
8. 什么是三面投影图？它是如何形成的？ ………………………… 8
9. 三面投影图和三视图是一回事吗？基本视图与三视图有何联系？ ……………………………………………………………… 10
10. 剖面图和断面图是投影图吗？它们是如何形成的？ ………… 11
11. 剖面图与断面图有何区别？ …………………………………… 12
12. 什么叫第三角画法？第一角画法与第三角画法有何不同？ … 13
13. 为什么要制定制图标准？ ……………………………………… 15
14. 我国现行的土木工程图及其相关专业的制图标准有哪些？ … 15
15. 常用的制图工具及仪器有哪些？如何使用？ ………………… 16

第二章 建筑施工图

16. 建筑工程设计一般分为几个阶段？ …………………………… 18
17. 一套完整的房屋施工图的图纸结构是怎样的？图纸的编排顺序是什么？ …………………………………………………… 19
18. 施工图中常用的符号及标注方法有哪些？ …………………… 19
19. 建筑施工图中常用图线及其用途有哪些？ …………………… 23
20. 什么是图例？ …………………………………………………… 24
21. 如何识读建筑总平面图？ ……………………………………… 25

22. 建筑总平面图中新建房屋的定位有哪些方法？如何识读？ …… 26
23. 建筑平面图是如何形成的？ ……………………………………… 28
24. 建筑平面图的识读要点有哪些？ ………………………………… 29
25. 怎样看楼梯平面图？ ……………………………………………… 31
26. 怎样阅读屋顶平面图？ …………………………………………… 33
27. 建筑立面图是如何形成的？立面图的命名方法有哪些？ ……… 34
28. 建筑立面图有何作用？其读图步骤是什么？ …………………… 35
29. 建筑剖面图是如何形成的？如何选择剖面图的剖切位置？ …… 37
30. 建筑剖面图的作用及识图要点是什么？ ………………………… 38
31. 什么是建筑详图？有何特点？ …………………………………… 39
32. 常见的建筑详图有哪些？ ………………………………………… 39
33. 外墙身详图的识读方法是什么？ ………………………………… 40
34. 如何查阅建筑构配件标准图？ …………………………………… 42
35. 建筑施工图常用图例有哪些？ …………………………………… 42

第三章 结构施工图

36. 什么是房屋建筑的"结构"？常见的结构类型有哪些？ ……… 48
37. 结构施工图设计的原理及图纸组成是什么？ …………………… 50
38. "结构施工图"中各种图线的用法是什么？ …………………… 50
39. 钢筋在结构施工图中是如何表示的？ …………………………… 51
40. 常用结构构件代号有哪些？ ……………………………………… 53
41. 什么是基础？基础与地基有何不同？ …………………………… 54
42. 基础通常有哪些类型？其构造形式是怎样的？ ………………… 55
43. 基础图是如何形成的？有哪些图示内容？ ……………………… 57
44. 基础图的识图要点？ ……………………………………………… 58
45. 楼板的作用是什么？钢筋混凝土楼板的种类有哪些？ ………… 60
46. 楼层结构布置图包含哪些内容？ ………………………………… 61
47. 常见预制构件的编号是如何规定的？ …………………………… 62
48. 如何读绘装配式（预制）楼板结构布置图？ …………………… 63
49. 怎样阅读现浇板的配筋平面图？ ………………………………… 64
50. 屋面结构布置图与楼层结构布置图有何异同？ ………………… 66
51. 什么是"平法"？ ………………………………………………… 66
52. 柱平法施工图的图示规则有哪些？ ……………………………… 67

53. 梁平法施工图图示规则有哪些？ …………………………… 70
54. 剪力墙平法施工图的图示规则有哪些？ ……………………… 73

第四章 给水排水施工图

55. 给水排水施工图有哪些图示特点？ …………………………… 76
56. 给水排水施工图的种类有哪些？ ……………………………… 77
57. 室内给水系统由哪些内容组成？ ……………………………… 77
58. 室内排水系统由哪些内容组成？ ……………………………… 79
59. 室内给水排水施工图由哪些图样组成？ ……………………… 79
60. 给水排水施工图是如何表示管道、管径、编号及管道标高等内容的？ ……………………………………………………… 80
61. 怎样阅读室内给水排水平面图？ ……………………………… 82
62. 怎样阅读室内给水排水系统图？ ……………………………… 84
63. 如何绘制给水排水系统图？ …………………………………… 85
64. 设备及管道节点的具体安装应查看什么图？ ………………… 87
65. 给排水施工图常用图线及图例有哪些？ ……………………… 88

第五章 采暖通风施工图

66. 什么是采暖工程？其基本组成是什么？ ……………………… 92
67. 采暖施工图由哪些图样组成？ ………………………………… 92
68. 采暖施工图中管道的表示方法有哪些？ ……………………… 93
69. 常见的采暖系统管网布置方式有哪些？ ……………………… 95
70. 怎样阅读采暖平面图？ ………………………………………… 97
71. 怎样阅读采暖系统图？ ………………………………………… 99
72. 什么是通风工程？它与采暖工程、空调有何区别？ ………… 100
73. 通风施工图的图纸组成有哪些？ ……………………………… 100
74. 通风空调施工图的识读要点有哪些？ ………………………… 101
75. 如何阅读通风空调施工图？ …………………………………… 101
76. 采暖通风施工图常用图线及图例有哪些？ …………………… 104

第六章 建筑电气施工图

77. 什么是建筑电气施工图？其图纸组成包含哪些内容？ ……… 108
78. 建筑电气施工图有哪些主要特点？ …………………………… 109

79. 常见的电气图形符号有哪些? …………………………………… 109
80. 文字符号的标注方法及含义是什么? ………………………… 111
81. 建筑电气施工图常用图线有哪些? …………………………… 112
82. 建筑配电系统的接线方式主要有哪几种? …………………… 112
83. 如何阅读电气系统图? ………………………………………… 114
84. 如何阅读电气平面图? ………………………………………… 115
85. 建筑电气施工图常用符号有哪些? …………………………… 117

第七章 室内装饰设计工程图

86. 室内装饰设计工程图的特点? ………………………………… 119
87. 室内装饰设计工程图包括哪些图样? ………………………… 119
88. 室内装饰设计工程图与建筑施工图相比,在图示表现方法上
    有哪些不同的地方? …………………………………………… 120
89. 如何阅读室内装饰平面图? …………………………………… 122
90. 顶棚平面图的识读要点是什么? ……………………………… 124
91. 怎样阅读装饰立面图? ………………………………………… 125
92. 常用家具、设备图例有哪些? ………………………………… 126

第八章 道路工程图

93. 什么是道路工程图? 道路工程图一般包括哪些图样? ……… 130
94. 道路平面图的图示特点是什么? 应包括哪些内容? ………… 130
95. 道路纵断面图的图示特点是什么? 应包括哪些主要内容? … 132
96. 道路横断面图一般有几种形式? ……………………………… 135
97. 如何阅读道路工程图? ………………………………………… 136

第九章 桥涵工程图

98. 什么是桥梁? 桥梁一般由哪几部分组成? 一套完整的桥梁工程
    图一般包括哪些图样? ………………………………………… 137
99. 什么是桥墩? 桥墩主要由哪几部分组成? 桥墩常采用哪些图样
    表示? …………………………………………………………… 137
100. 桥墩图常采用何种表达方案? 如何阅读桥墩图? …………… 137
101. 目前我国公路上应用较多的 U 形桥台主要由哪些部分组成?
     一般采用什么样的表达方案? 如何阅读桥台图? …………… 139

102. 什么是涵洞？涵洞主要由哪几部分组成？涵洞工程图常采用何种表达方案？阅读涵洞工程图的大致步骤是怎样的？ …… 139
103. 什么是隧道？隧道主要由哪几部分组成？隧道工程图一般包括哪些图样？ …………………………………………………… 142
104. 隧道洞门图常采用何种表达方案？如何阅读隧道洞门图？ ……………………………………………………………… 142

第十章 水利工程图

105. 什么是水利工程图？一般包括哪些类型？一张完整的水利工程图主要包括哪些内容？ ………………………………… 144
106. 枢纽布置图主要包括哪些内容？常用绘图比例是多少？ …… 144
107. 建筑物结构图主要包括哪些内容？常用绘图比例是多少？ ………………………………………………………………… 144
108. 我国水利工程图采用的现行标准是什么？ ………………… 145
109. 水利工程图一般采用哪种投影方法？在六个基本视图中常用的是哪三个？ ………………………………………………… 145
110. 除六个基本视图外，水工图中还经常采用哪些表达方法？ ………………………………………………………………… 145
111. 水利水电工程中是如何规定河流的上、下游和左、右岸的？图样中习惯采用怎样的水流方向？当视图与水流方向有关时，有何习惯叫法？ …………………………………… 147
112. 水利工程图的尺寸标注方法一般有哪几种？常用的尺寸单位是什么？ …………………………………………………… 148
113. 水利工程图中的零标高是如何规定的？在不同的图样中，标高符号有何不同？ ………………………………………… 148
114. 如何阅读水利工程图？ ……………………………………… 149

第十一章 城市规划图

115. 城市规划工作分为哪几个阶段？什么是城市规划图？ ……… 153
116. 城市规划图有何主要特点？ ………………………………… 153
117. 城市规划图应包括哪些图纸？ ……………………………… 154
118. 什么是规划图例？ …………………………………………… 156
119. 识读城市规划图的一般方法是什么？ ……………………… 157

120. 怎样评析城市总体规划？ ………………………………… 157
121. 城市规划常用图例有哪些？ ………………………………… 160

第十二章　计算机辅助建筑与装饰图

122. AutoCAD 在建筑工程中的主要作用有哪些？ …………… 172
123. 如何在 AutoCAD 中建立符合我国建筑制图国家标准的绘图环境？ ………………………………………………… 172
124. 利用 AutoCAD 绘制建筑平面图的主要方法和大致步骤是怎样的？ …………………………………………………… 174
125. 如何根据已有的平面图绘制立面图和剖面图？ …………… 176
126. 怎样绘制其他土木工程图样？ ……………………………… 177
127. 建筑装饰的作用及特点是什么？主要应用在哪些地方？ …… 177
128. 如何绘制图 12-2（a）及图 12-3（a）所示的地面图案？ …… 177
129. 如何绘制图 12-4（a）及图 12-5（a）所示的木隔窗图案？ …………………………………………………………… 179

参考文献 ………………………………………………………… 181

第一章 读绘基础

1. 学习土木工程图的意义是什么？

土木工程（如房屋建筑、路桥建筑、水工建筑）的设计、施工、维护、管理等都必须绘制或使用工程图样。这是因为工程和构件的形状、大小、结构、构造、设备、装饰等很难用语言或文字清晰地描述，但图样却可以将其艺术造型、外貌形状、内部布置、结构构造、各种设备、地理环境以及其他设计、施工要求等准确而详尽地表达出来，作为设计意图的表达和施工建造的依据。所以，图样是工程中不可缺少的重要技术文件。不会识图，就无法理解别人的设计意图；不会画图，就无法表达自己的构思。由于土木工程图样在工程技术上的重要作用，工程技术人员必须学习和掌握它。

2. 土木工程图涉及的范围有哪些？

土木工程关系到基本建设的方方面面，因此土木工程图涉及的领域和范围很广，归纳如下：

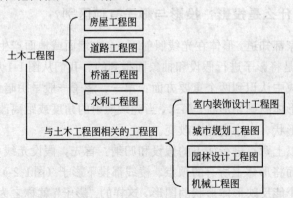

3. 画法几何学与工程图样的关系是什么？

画法几何学是几何学的一个分支，它的基本理论是投影原理，其研究的一个重要方面是如何把三维的空间形体在二维的平面图纸上表达出来。将这一理论运用到实际工程形体的表达，其形成的图样就是工程图。无论是土木工程图，还是与之相关的其他工程图，虽然在专业表达和制图标准上有各自的特点，但几乎都是运用了画法几何的投影理论来进行图纸表达的。因此，如果把工程图称为工程界语言的话，那么画法几何学则是描述这种语言的语法。其逻辑思维的过程是这样的：

由于空间形体千差万别，各种各样，不便于研究其共性。画法几何学通常把形体抽象成点、线、面、体来研究，分别研究它们的投影特点和规律，即研究构成空间形体的点、线、面的位置关系及其在二维平面图纸上的表达。所以，三维的空间形体在二维的平面图纸上表达出来的结果（投影图）实质上就是构成空间形体形状的点、线、面投影的集合，可将其用一个链接关系表达如下：

点的投影──→直线的投影──→平面的投影──→形体的投影┬─基本形体的投影 ──→ 工程形体的投影（即工程图）
└─组合形体的投影

4. 什么是投影？投影与影子有何区别？

大家都知道，形体在光线照射下，会在墙面或地面产生影子，投影就是将影子进行假设和抽象而得到的。我们从图 1-1 所示影子的形成中认识到两个重要方面：第一，影子一般呈阴暗色，不能反映形体的确切形状；第二，当光线照射的角度或距离改变时，影子的形状、大小也随之改变。

将以上两点进行如下的假设和归纳：首先，假设光线可以透过形体而将形体上所有的顶点、棱线都投下影子（图 1-2），从而形成一个能反映形体形状的图形，这样的"影子"就称之为投影。

投影是画法几何学投影理论最基本的概念。在投影中,通常把光线称为投射线,把落影平面称为投影面,把所产生的图形称为投影图,简称投影。第二,由于光线方向角度的不同,形成的投影大小、形状也不同,根据这一点我们将投影进行分类。按照投射线方向角度的不同,投影可分为(图1-3):

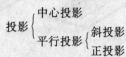

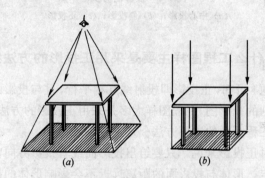

图1-1 影子的形成
(a)光线呈放射状时;(b)光线垂直时

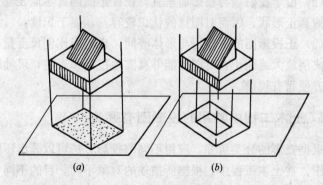

图1-2 影子与投影
(a)形体的影子;(b)形体的投影

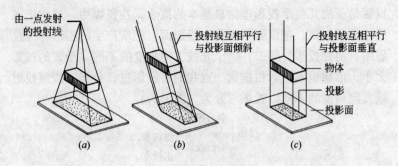

图1-3 投影的分类
(a) 中心投影；(b) 斜投影；(c) 正投影

5．为什么工程图样主要是采用正投影的方法绘制的？

由问题4可知，正投影即投射线互相平行，且与投影面垂直情况下所得到的投影图。工程图样大多是采用正投影的方法来绘制，它是绘制工程图样的主要方法。这主要是因为：

（1）对正投影来说，只要给出投影面或者投影方向，投影条件即可确定，形体与投影面的距离远近不会影响形体的投影，因此作图简便，可操作性强；

（2）由于投射线与投影面垂直，正投影图能真实地表现形体表面的真正形状，因而对图样的认识较容易，便于识读；

（3）正投影图的大小可与形体等同，也可用比例尺度量，按一定比例放大或缩小，对图样能够真实地控制和表达，尺寸的注写也方便而有规律。

6．土木工程中常用的投影图有哪些？

根据投影的分类可知，应用不同的投影方法可以画出不同的投影图。在土木工程中，根据所描述的对象不同，目的不同，对图样的要求不同，所采用的图示方法也随之不同。土木工程常用的投影图有多面正投影图、轴测图、透视图和标高投影图等。以下对这四种投影图作概要介绍。

(1) 多面正投影图（图1-4）

多面正投影图是用正投影的方法，从不同方向分别作形体的正投影，形成形体的多个正投影图。多面正投影图是土木工程中应用最广泛、最重要的图示方法。

(2) 透视图（图1-5）

透视图是用中心投影法在单一投影面上形成的立体图形。这种图的特点是图形接近于人观察形体的视觉效果，立体感强，形象逼真。在土木工程中常用于规划设计、建筑物初步设计和室内设计等的表现图。

(3) 轴测图（图1-6）

轴测图是用平行投影法，按特定的投射方向，在单一投影面上形成的立体图形。这种图的特点是立体感强，形体上相互平行的棱线在轴测图上仍然平行，作图较透视图简便。在土木工程中常用于给排水、采暖通风等方面的管道系统图。

(4) 标高投影图（图1-7）

标高投影图是用正投影法将形体在一个水平面上形成的投影图。工程上常用它表示地面的形状，按照地面起伏特点，将地面上高度相同的点的投影连成不规则的曲线,这些曲线称为等高线。在土木工程中常用于绘制地形图、建筑总平面图和道路、水利工程等方面的平面布置图。

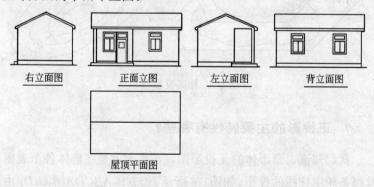

图1-4　多面正投影图

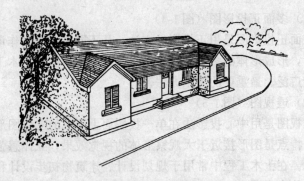

图 1-5　透视图

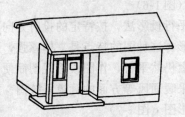

图 1-6　轴测图

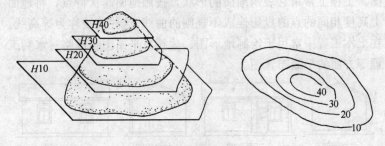

图 1-7　标高投影图

7. 正投影的主要特性有哪些？

我们知道，画形体的正投影图，实质上就是画形体各个表面及每条轮廓棱线的投影。如图1-8所示，长方体$ABCDA_1B_1C_1D_1$由六个侧表面围成，每个侧表面为一个矩形平面，每个矩形平面由四条直线围成,每条直线又由直线的两个端点确定。作长方体的投影,应从组成它的点、线、面的正投影入手。因此,熟悉在正投影条件下,点、直线和平面的投影特性,是读绘投影图的基础。

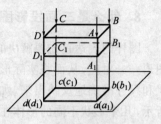

图1-8　长方体$ABCDA_1B_1C_1D_1$的正投影

(1) 点的投影仍为点,如图1-9中的A、B、C点。

(2) 垂直于投影面的直线,其投影积聚为一个点,这种特性叫积聚性,如图1-9中的直线DE。

(3) 平行于投影面的直线,其投影仍为直线,且直线的投影与空间直线长度相等。这种特性叫作等同性,如图1-9中的直线FG。

(4) 倾斜于投影面的直线,其投影也为直线,但其投影长度比空间直线短。这种特性叫做类似性,如图1-9中的直线HJ。

(5) 垂直于投影面的平面图形,其投影积聚为一条直线,具有积聚性,如图1-9中的三角形平面KLM。

(6) 平行于投影面的平面图形,其投影仍为一平面图形,且投影与空间平面形状和大小一致,具有等同性,如图1-9中的三角形平面NPQ。

(7) 倾斜于投影面的平面图形,其投影也为一平面图形,但投影不反映空间平面的实形,具有类似性,如图1-9中的三角形平面RST。

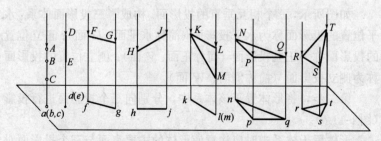

图1-9　正投影的主要特性

8. 什么是三面投影图？它是如何形成的？

图样的表达首先要解决的问题是如何使空间形体与平面上的图形一一对应,从而将实际形体的形状和尺寸准确地反映出来。如图1-10所示,几个形状不同的形体在投影面上具有相同的投影图,如果根据这个投影图确定形体的形状,显然不具有惟一性,因此也就不能准确地表达空间形体。

可见,只用一个正投影图来表示形体是不够的,它只能够准确地表现出形体的一个侧面的形状,不能表现出形体的整体形状。因此,必须同时画出形体的多面正投影图。如果将形体放在三个相互垂直的投影面之间,

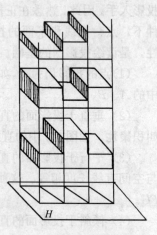

图1-10 形体的单面投影图

用三组分别垂直于三个投影面的平行投射线投影,就能得到这个形体的三个方面的正投影图,通常称之为三面投影图,如图1-11所示。由于三面投影图能反映形体三个方面（上面、正面和侧面）的形状和三个方向（长、宽、高）的尺寸,将其结合起来一般就能反映它的全部形状和大小。所以表达形体经常用三面投影图来表现。其形成过程是：

第一步,建立三投影面体系（图1-11 a）。

如图所示,三个相互垂直的投影面,构成了三投影面体系：水平位置的投影面称为水平投影面（简称水平面、H面）；正立位置的投影面称为正立投影面（简称正面、V面）；侧立位置的投影面称为侧立投影面（简称侧面、W面）。

第二步,将形体置于该体系中,分别向三个投影面进行投影（图1-11 b）。

形体置于体系中时应注意使形体的主要表面与三个投影面对

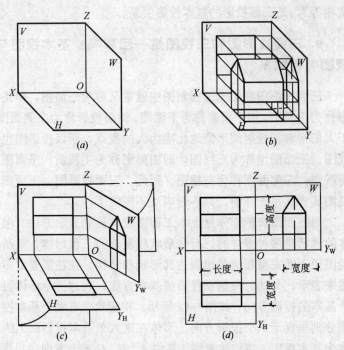

图1-11 三面正投影图的形成

应平行,目的是为了在投影图中反映主要表面的实形和线段的实长。在 H 面上得到的正投影图叫水平投影图;在 V 面上得到的投影图叫正面投影图;在 W 面上得到的投影图叫侧面投影图。

第三步,将位于三个投影面上的三个投影图展开(图1-11 c)。

三个投影图分别位于三个投影面上,作图不太方便。为了将三个投影图画在一个平面上,让 V 面不动, H 面绕 OX 轴向下旋转 $90°$, W 面绕 OZ 轴向右旋转 $90°$,这样就得到了位于同一个平面上的三个正投影图,也就是三面正投影图,简称为三面投影。

很显然,展开后的三面投影图(图1-11 d)的位置关系和尺寸关系是:正面投影图和水平投影图左右对正,长度相等;正面投影图和侧面投影图上下看齐,高度相等;水平投影图和侧面投影图前后对应,宽度相等。上述关系通常简称为"长对正,高平齐,宽相等"，是三面投影的基本投影关系。

9. 三面投影图和三视图是一回事吗？基本视图与三视图有何联系？

三面投影图在土木工程制图中通常又称为三面图，即正面投影称为正面图，水平投影称为平面图，侧面投影称为左侧面图。由于人们常常把投射线形象地比喻为人的视线，所以投影图也称为视图，三面图也称为三视图，即正面图称为主视图；平面图称为俯视图；左侧面图称为左视图。因此，三面投影图、三面图和三视图其含义是一样的，只不过叫法不同罢了。

用三面图表示形体是土木工程图较常见的表示方法。但是形体的形状是多种多样的，有些形状较复杂的工程形体，只画出三视图还不能完整和清楚地表达其形状和结构，往往需要更多的视图来表示。为此，根据正投影的基本方法，表达一个形体可有六个基本的投影方向，如图1-12所示。相应地，有六个基本投影平面分别垂直于六个投影方向。形体在这六个基本投影面上的投影称为基本视图。我们注意到，其中A、B、C三个方向的投影，就是前面所讲的正面投影、水平投影和侧面投影，即三面图（三视图）。所以基本视图与三视图之间的关系是基本视图中包含三视图。

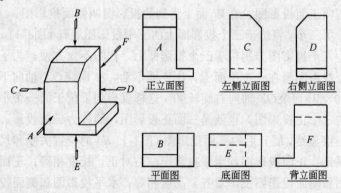

图1-12　基本视图

需要强调的是,在土木工程图表达的具体应用中,不一定都要用三面图或基本视图表示,而应在完整、清晰表达的前提下,视图的数量越少越好,有些形状简单的形体用两个或一个投影图也能表示清楚,应视具体情况合理地进行表达。

10. 剖面图和断面图是投影图吗? 它们是如何形成的?

在形体的投影图中,一般规定可见线画成实线,不可见线画成虚线。这样,当形体内部结构复杂时,图面上就会出现较多的虚线,形成虚实线重迭、交错、混淆不清,给看图增加了难度,也不利于标注尺寸。为此,工程上常采用剖面图和断面图的图样表达方式来解决这一问题。

剖面图和断面图都是用正投影的方法得到的投影图。剖面图是假想用一个剖切平面在适当位置将形体切开,将形体内部结构显露出来,移去观察者与剖切平面之间的部分,剩余的那部分形体的正投影图称为剖面图;若仅画出形体剖开后剖切平面与形体接触部分(断面)的正投影图,则称之为断面图,如图1-13所示。

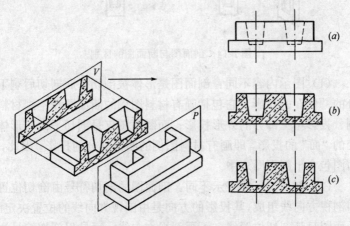

图1-13 剖、断面图的形成
(a)投影图;(b)剖面图;(c)断面图

11. 剖面图与断面图有何区别？

剖面图和断面图都是用于表达形体较复杂的内部形状构造的图示方法。但两者在表示方法和具体应用上有着各自的特点，其区别在于（图1-14）：

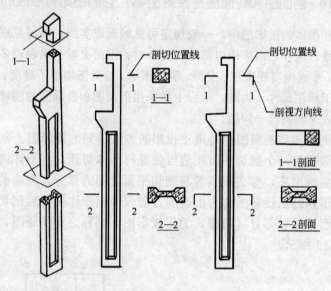

图1-14 剖面图与断面图的区别

（1）图示内容不同：剖面图是形体被剖切平面剖切后剩下部分的"体"的投影，它包括画有材料图例的断面图和不画材料图例、投影可见部分的外形投影；而断面图仅是剖切平面与形体相交的"面"的投影，即画有材料图例的断面部分的投影。因此，断面图包含于剖面图之中。

（2）剖切符号的表示不同：剖面图的剖切符号由剖切位置线和剖视方向线组成，其投影的方向是由剖视方向线的位置决定的；断面图只画剖切位置线，不画剖视方向线，而是用剖切编号注写位置来表示剖视方向的。

（3）具体应用上的不同：剖面图和断面图虽然都用于表达形

体的内部形状，但断面图主要用于表达如梁、板、柱及某一长向杆件等的断面真形；而剖面图则侧重于表达形体内部与外部以及与整体的构造关系。

12. 什么叫第三角画法？第一角画法与第三角画法有何不同？

相互垂直的 H、V、W 三个投影面，将空间分为八个分角，如图1-15所示。将形体放置在第一分角内进行投影，这种画法称为第一角画法；将形体放置于第三分角内进行投影称为第三角画法。我国的工程图样采用的就是第一角画法，如本章问题7中提到的三面投影。世界上有些国家采用第一角画法，但也有一些国家（如美国、日本、英国等）采用第三角画法。为了适应国际间的技术交流，必须熟悉和了解第三角的表示方法。虽然第一角画法和第三角画法都是采用正投影法，但两者是有区别的（图1-16和图1-17）：

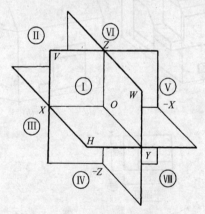

图1-15 八个分角的划分

（1）形体与投影面的位置关系不同。第一角画法，形体放置在第一分角内，H、V 和 W 面分别在形体的下方、后方和右方；而第三角画法，形体放置在第三分角内，H、V 和 W 面分别在形体的上方、前方和右方。

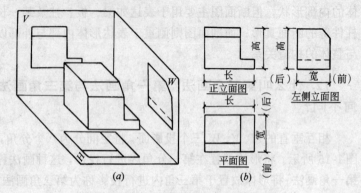

图1-16 第一角画法形成的三视图
(a) 将物体置于第一角中,用正投影法投射;(b) 展开投影面后形成的三视图

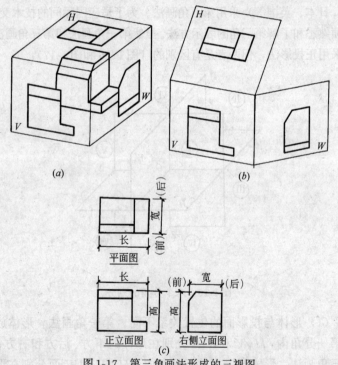

图1-17 第三角画法形成的三视图
(a) 将物体置于第三角中,用正投影法投射;(b) 展开投影面;
(c) 展开投影面后形成的三视图

(2) 第一角进行投影时，按"观察者——形体——投影面"的相对位置向三个投影面投射；而第三角进行投影时，按"观察者——投影面——形体"的相对位置向三个投影面投射。

(3) 展开方式不同。第一角画法展开时，是 V 面不动，H 面向下旋转，W 面向后旋转；第三角画法时，是 V 面不动，H 面向上旋转，W 面向前旋转。

13. 为什么要制定制图标准？

土木工程图是表达房屋、桥梁、道路、给水排水、水工建筑物等工程设计的重要资料，是施工建造的依据，是工程技术人员用来表达设计构思、进行技术交流的重要工具，常被称作"工程界的技术语言"。既然是"语言"，就必须对它的画法、内容和格式等等一系列方面进行统一的规定，使不同岗位的技术人员对工程图有一致的理解，使工程图真正起到技术语言的作用，这就是制图标准产生的背景。

制图标准的类别有很多，可将其分为：国际标准（ISO）、国家标准、部颁标准、地区标准等。在我国，由国家职能部门制定、颁布的标准，称为国标，代号为"GB"。为了区分不同的技术标准，常用一系列代号表示某一标准,代号一般分字母和数字两部分,字母为汉语拼音字头，数字为编号和年号。例如《房屋建筑制图统一标准》(GB/T 50001—2001)，其代号"GB/T 50001—2001"含义是："GB"为国家标准，"T"为推荐使用，"50001"为标准编号，"2001"为该标准颁布的年号。

14. 我国现行的土木工程图及其相关专业的制图标准有哪些？

由于土木工程涉及众多的专业，所以制图标准也较多，我们在制图和识图时应注意查找有关的标准，以便正确地绘制和阅读工程图。表1-1按专业汇总了常用的现行制图标准名称及代号。

常用的土木工程制图标准 表1-1

专　业	标准名称	代　号
房屋建筑工程方面	《房屋建筑制图统一标准》	GB/T 50001—2001
	《总图制图标准》	GB/T 50103—2001
	《建筑制图标准》	GB/T 50104—2001
	《建筑结构制图标准》	GB/T 50105—2001
	《给水排水制图标准》	GB/T 50106—2001
	《暖通空调制图标准》	GB/T 50114—2001
道路工程方面	《道路工程制图标准》	GB 50162—92
水利工程方面	《水利水电工程制图标准》	SL73.1-95—SL73.5-95
城市规划方面	《城市规划制图标准》	CJJ/T 97—2003
机械工程方面	《技术制图　图线》	GB/T 17450—1998
	《技术制图　字体》	GB/T 14691—93
	《技术制图　图纸幅面和格式》	GB/T 14689—93
	《技术制图　比例》	GB/T 14690—93

15. 常用的制图工具及仪器有哪些？如何使用？

手工绘制工程图需要正确使用绘图工具和仪器，下面就常用的绘图工具和仪器作一简要介绍。

(1) 图板　绘图板有各种不同的规格，与图幅相配合，通常有三种：0号(1200mm×900mm)、1号(900mm×600mm)、2号(900mm×450mm)。绘图板要求板面平整，板边平直。

(2) 丁字尺　丁字尺由尺头和尺身组成，尺头与尺身互相垂直。丁字尺主要用于画水平线。绘图时将尺头紧靠图板左侧，作上下移动可画出平行的水平线。

(3) 三角板　三角板由两块组成一副。一块是45°等腰直角三角形，另一块是30°和60°直角三角形。三角板与丁字尺配合使用，可以画竖直线及15°、45°、60°、75°等倾斜直线以及它们的平行线；两块三角板配合使用，可以画任意直线的平行线和垂直线。

(4) 比例尺　比例尺是绘图时用于放大或缩小实际尺寸的一种尺子。其型式有多种,常见的是呈三棱柱状的三棱尺。三棱尺的尺身上刻有6种不同的比例,可根据需要选定。

(5) 针管笔　用于上墨、描图时使用。针管内径从0.1～1.2mm分成多种型号,选用不同型号的针管笔即可画不同线宽的墨线。

(6) 曲线板　是描绘各种非圆曲线的专用工具。

(7) 铅笔　铅笔的代号表示铅芯的软硬程度。"H"表示硬度,其前面的数字愈大表示铅芯愈硬,最硬为6H;"B"表示软度,其前面的数字愈大表示铅芯愈软,最软为"6B";"HB"表示软硬适中。绘图时,可根据不同的用途选用。一般画底稿及细线用2H或H,粗线用HB或B,写字用HB。

(8) 图纸　图纸的幅面一般有 $A0$、$A1$、$A2$、$A3$ 和 $A4$ 五种,必要时有加长图纸,其具体大小尺寸可查阅《房屋建筑制图统一标准》(GB/T 50001—2001)。

第二章 建筑施工图

16. 建筑工程设计一般分为几个阶段？

一个建筑工程项目从制订计划到最终建成，需经过一系列的过程，建筑工程设计是其中一个重要环节。通过设计，最终形成施工图，作为指导房屋建设施工的依据。建筑工程设计一般分为初步设计、技术设计、施工图设计三个阶段。

（1）初步设计：当确定建造一幢房屋后，设计人员根据建设单位的要求，通过调查研究、收集资料、反复综合构思，作出的方案图，即为初步设计。初步设计应报有关部门审批。对于重要的建筑工程，一般要作多个方案，并绘制透视图，加以色彩，以便建设单位及有关部门进行比较和选择。

（2）技术设计：指重大项目和特殊项目为进一步解决某些具体技术问题，或确定某些技术方案而进行的设计。确切地说，它是为进一步确定初步设计中所采用的工艺流程和建筑、结构上的主要技术问题，校正设备选择、建设规模及一些技术经济指标等的一个设计阶段。

（3）施工图设计：在初步设计和技术设计基础上，为满足施工的具体要求，分建筑、结构、采暖、给排水、电气等专业进行深入细致的设计，完成的一套完整的反映建筑物整体及各细部构造和结构的图样，以及有关的技术资料，即为施工图设计，产生的全部图样称为施工图。

应该指出的是，通常情况下，大型的、较为复杂的工程，设计时采用上述三个阶段进行；而对于较简单的工程，通常将技术设计的一部分工作纳入初步设计阶段，称为扩大初步设计，简称"扩初"，另一部分工作则留待施工图设计阶段进行。设计阶段只需初步设计和施工图设计两个阶段。

17. 一套完整的房屋施工图的图纸结构是怎样的？图纸的编排顺序是什么？

一套完整的房屋施工图的图纸结构如下：

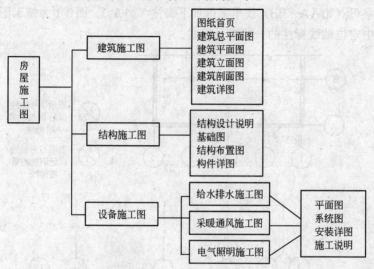

由于工程的复杂程度不同，施工图可以由几张图或几十张图组成。大型复杂的建筑工程的图纸甚至上百张。因此按照国家标准的规定，应将图纸系统地编排。一套完整施工图一般的排列顺序是：图纸目录、施工总说明、建筑施工图、结构施工图、给水排水施工图、采暖通风施工图、电气施工图等。其中各专业图纸也应按照一定的顺序编排。其总的原则是全局性图纸在前，局部详图在后；先施工的在前，后施工的在后；布置图在前，构件图在后；重要图纸在前，次要图纸在后。

本章主要讲述的是房屋施工图中的建筑施工图。

18. 施工图中常用的符号及标注方法有哪些？

（1）定位轴线

19

定位轴线是用来确定主要承重构件位置的基线,它是施工定位、放线的依据。凡需确定位置的建筑局部或构件,都应注明其与附近轴线的尺寸关系。

定位轴线的编号,横向用阿拉伯数字由左至右依次编号,竖向用大写拉丁字母从下至上顺序编写。字母数量不够时,可用双字母(如AA、BB)或单字母加下脚注(如A_1)。图2-1为施工图中定位轴线标注的一些常见形式。

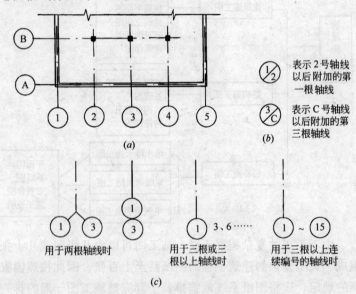

图2-1 定位轴线标注的常见形式
(a)定位轴线编号顺序;(b)附加轴线编号含义;(c)详图的轴线编号

(2)标高

标高是标注建筑物高度的一种尺寸形式,它反映建筑物中某部位与所确定的基准点的高差。施工图中的标高,是施工的控制尺寸,以保证房屋施工过程中沿高度方向的准确性。

标高分为绝对标高和相对标高。绝对标高是以我国青岛附近黄海平均海平面为零点,其他各地标高都是以它为基准测量而得的。房屋施工图中的总平面图所标注标高为绝对标高。但在施工图中为了避免绝对标高的数字繁琐、不直观的缺点,通常把底层室内主要地坪高度定为零点,写作"±0.000",这种标高称为相对标高。相对标高用于除总平面图以外其他房屋施工图的标注。标高符号与画法规定见图2-2。

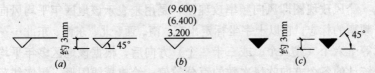

图2-2 标高符号与画法规定

(a) 标高符号;(b) 同一位置注写多个标高;(c) 总平面室外地坪标高符号

(3) 索引符号与详图符号

详图是施工图中一个重要的图样,主要用于说明施工图样中某一局部或构件的详细情况。它通过索引符号和详图符号来说明其在图纸上的位置和关系。将索引符号和详图符号联系起来,就能顺利地查找详图,以便施工。索引符号和详图符号具体画法和应用参见表2-1。

索引符号与详图符号　　　　　表2-1

名称	表 示 方 法	备 注
索引符号	⑤—详图的编号 —详图在本页图纸内 ⑤—详图的编号　　标准图集的编号 ②—详图所在的　J103 ⑤—详图的编号 　　图纸编号　　　　③—详图所在的图纸编号	圆圈直径为10,线宽为0.35b
剖面索引符号	⑤—详图的编号 —详图在本页图纸内 ⑤—详图的编号　J103 ⑤—详图的编号 ②—详图所在的　　　③—详图所在的 　　图纸编号　　　　　　图纸编号	圆圈画法同上,粗短线代表剖切位置,引出线所在的一侧为剖视方向
详图符号	详图的编号　　　—详图的编号 ⑤(详图在被索　⑤ 　引的图纸内)　④—被索引的详图所在图纸编号	圆圈直径为14,线宽为b

(4) 指北针与风玫瑰图

指北针用于表示房屋的朝向。根据国家有关制图标准的规定，应在施工图的总平面图和首层建筑平面图上绘制指北针，以表示所建房屋的朝向。

风玫瑰图即风向频率玫瑰图，是用来表示该地区年平均风向频率的标志。它以十字坐标定出东、南、西、北、东南、东北……等十六个（或八个、或三十二个）方向后，根据该地区多年平均统计的各个方向吹风次数的百分数值，绘成折线图形。粗实线范围表示全年风向频率，细虚线范围表示夏季风向频率。由各方向端点指向中心的方向为吹风方向。风玫瑰图常见于建筑总平面图和城市规划图中。指北针和风玫瑰图的形式见图2-3所示。

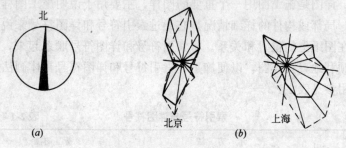

图2-3 指北针与风玫瑰图
(a) 指北针；(b) 风玫瑰图

(5) 尺寸标注

根据《房屋建筑制图统一标准》(GB/T 50001—2001)的规定，图样上的尺寸是由尺寸线、尺寸界线、尺寸起止符号和尺寸数字等四要素组成（图2-4）。作为施工的依据，房屋施工图应详细地标注尺寸。尺寸单位除总平面图中定位尺寸及定位坐标以"m"为单位外，其余尺寸均以"mm"为单位，且在图中不注写单位。

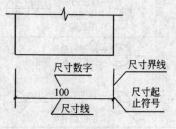

图2-4 尺寸的组成

特别需要指出的是，房屋施工图与机械工程图在尺寸标注方面的不同：首先是起止符号的不同。房屋施工图的起止符号采用45°短线表示，而机械工程图的起止符号则采用箭头表示；第二是标注原则不同。房屋施工图按有利于施工的原则，尺寸标注呈封闭的链状尺寸并可重复。但机械工程图中尺寸不允许重复标注，且不允许注成封闭的尺寸链，而常常将不重要的一段不标注，以保证其他各段尺寸的准确，保证产品的质量。若将各段尺寸都标注，误差将造成总长尺寸不能保证。

19. 建筑施工图中常用图线及其用途有哪些？

根据《建筑制图标准》(GB/T 50104—2001)的规定，建筑施工图常用图线及其用法，应符合表2-2的规定。

建筑施工图常用图线及用途　　　　　表2-2

名称	线型	线宽	用途
粗实线	——————	b	1. 平、剖面图中被剖切的主要建筑构造（包括构配件）的轮廓线 2. 建筑立面图或室内立面图的外轮廓线 3. 建筑构造详图中被剖切的主要部分的轮廓线 4. 建筑构配件详图中的外轮廓线 5. 平、立、剖面图的剖切符号
中实线	——————	$0.5b$	1. 平、剖面图中被剖切的次要建筑构造（包括构配件）的轮廓线 2. 建筑平、立、剖面图中建筑构配件的轮廓线 3. 建筑构造详图及建筑构配件详图中的一般轮廓线
细实线	——————	$0.25b$	小于$0.5b$的图形线、尺寸线、尺寸界线、图例线、索引符号、标高符号、详图材料做法引出线等

续表

名称	线型	线宽	用途
中虚线	 — — — — —	$0.5b$	1. 建筑构造详图及建筑构配件不可见的轮廓线 2. 平面图中的起重机（吊车）轮廓线 3. 拟扩建的建筑物轮廓线
细虚线	 - - - - - - - -	$0.25b$	图例线、小于 $0.5b$ 的不可见轮廓线
粗单点长划线	 ▬ · ▬ · ▬	b	起重机（吊车）轨道线
细单点长划线	 — · — · —	$0.25b$	中心线、对称线、定位轴线
折断线	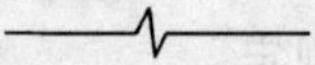 ∿	$0.25b$	不需画全的断开界线
波浪线	 ～～～	$0.25b$	不需画全的断开界线 构造层次的断开界线

注：地平线的线宽可作 $1.4b$。

20. 什么是图例？

由于房屋施工图所采用的比例较小，许多构件、配件在图中无法如实画出，如门窗在房屋中有很多种类，不可能也没必要将门窗按实际投影来一一表示；否则，不仅使绘图工作更加繁琐，而且也给识图带来一定的麻烦。为此往往将它们用一个简单的图形符号来表示，这就是图例。例如在建筑平面图中，窗用两条平行的细实线表示；门用45°中粗实线表示开启方向。读者在识读和绘制施工图时应熟悉和了解相关图例，才能较快地阅读和理解图纸内容。

根据专业的不同，图例的种类有很多，将在后面相关章节一一介绍。在建筑施工图中，较常用的图例有两类，即总平面图图例、建筑构件及配件图例。问题35索引了这两类图例的部分内容。必要时，读者还可自行查阅《房屋建筑制图统一标准》

(GB/T 50001—2001)、《总图制图标准》(GB/T 50103—2001)、《建筑制图标准》(GB/T 50104—2001) 等相关标准。

21. 如何识读建筑总平面图？

建筑总平面图是新建房屋所在地域的一定范围内的水平投影图。它主要表明建筑工程地域内的自然环境和规划设计的总体布局。它是新建房屋定位，规划设计水、暖、电等专业工程总平面图以及施工总平面图设计的依据。识读建筑总平面图要点如下：

(1) 熟悉和了解总平面图图例（见问题35）。

(2) 先看图名、比例以及有关文字说明，了解工程的性质和概况。

(3) 了解新建房屋的位置和朝向。房屋的位置一般是通过定位尺寸或坐标两种方法来确定的（详见问题22）；房屋的朝向从图中的风玫瑰图可知。

(4) 了解新建房屋的平面轮廓形状、层数和室内外地坪标高。一般以粗实线表示的平面图形即为新建房屋的平面轮廓形状；平面图形内右上角的数字或小黑点数，表示其层数；平面图形内的标高为室内首层地坪的标高，而平面图形外的黑三角形表示室外设计地坪的标高，两者均为绝对标高。

(5) 了解新建房屋与周围环境的位置关系。主要包括附近的建筑物、道路、绿化等。

图2-5所示为某学校的总平面图。结合上述识读要点可知：新建房屋为该学校的办公楼，其位置处于校园的东南部位，层数为三层。周围的建筑情况是，西侧有操场及教学楼，北侧为一层食堂，另外在操场北侧为拟建学生宿舍。该办公楼的平面定位是依据已有的建筑和道路进行的，它北距食堂15.5m，西距道路中心线8m。由于总平面图中标高采用绝对标高，该建筑高程定位即室内一层地面绝对标高为46.25m，相当于建筑施工图中相对标高的零点±0.000，室外整平标高为45.80m，室内外高差0.45m。

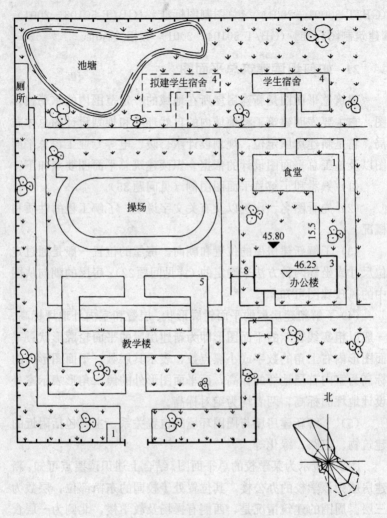

图 2-5 总平面图示例

22. 建筑总平面图中新建房屋的定位有哪些方法？如何识读？

为了保证新建建筑物放线准确，根据地形情况，总平面图常用以下两种方法表示新建建筑物的位置：

(1) 根据已有的建筑或道路为依据进行定位。这种方法较简单，可从图中直接得到，如图2-5所示。

(2) 坐标定位。针对大范围和复杂地形的总平面图，为了保证施工放线正确，往往以坐标表示新建建筑物、道路或管线的位置。坐标分为测量坐标和施工（建筑）坐标两种系统。

测量坐标是由国家或地区测绘的，X轴方向为南北方向，Y轴方向为东西方向，以100m×100m或50m×50m为一方格，在方格交点处画交叉十字线表示。用新建房屋的两个角点或三个角点的坐标值标定其位置，放线时根据已有的导线点，用仪器测出新建房屋的坐标，以便确定其位置，见图2-6。

施工坐标将建设地区的某一点定为"0"，轴线用A、B表示，A相当于测量坐标网的X轴，B相当于测量网的Y轴（但不一定是南北方向），其轴线应与主要建筑物的基本轴线平行，用100m×100m或50m×50m的尺寸画成网格通线。放线时根据"0"点可导测出新建房屋的两个角点的位置（图2-7）。朝向偏斜的房屋采用施工坐标较适合。

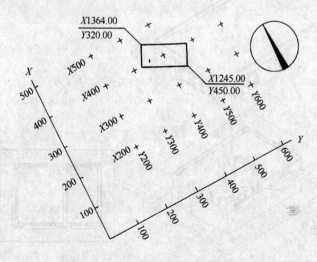

图2-6　测量坐标定位

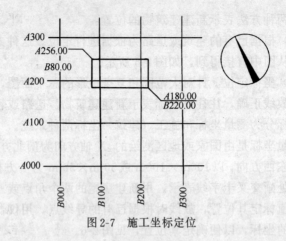

图 2-7　施工坐标定位

23. 建筑平面图是如何形成的？

建筑平面图是用一个假想的水平面，沿门窗洞的位置将房屋剖切开，将剖切面以上的部分移去，对剖切面以下部分作水平正投影，所得到的房屋水平剖面图即为建筑平面图（图 2-8）。屋顶

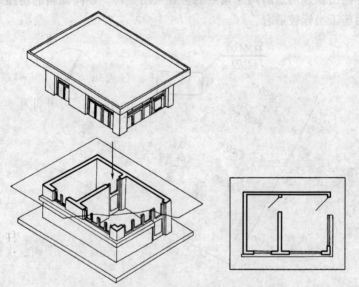

图 2-8　建筑平面图的形成

平面图的形成比较特殊，它不是水平剖面图，而是水平投影图。

对于多层建筑物，原则上应画出每层的平面图，图名为"×层平面图"。如果一幢建筑物的中间各层平面布局相同，则可只画一个平面图，称为标准层（或中间层）平面图。由于房屋楼梯底层、中间层和顶层的投影有所不同，因此，三层及三层以上的建筑物，至少应绘制三个平面图，即底层平面图、中间层平面图、顶层平面图。

24. 建筑平面图的识读要点有哪些？

建筑平面图是施工放线、砌筑墙体、安装门窗等的依据，同时也是编制施工图预算的重要依据，是施工图中最基本的图样之一。

一幢房屋一般有多个平面图，应逐层阅读，注意各层的联系和区别。现以某学生公寓楼的一层建筑平面图（图2-9）为例，说明其识图要点：

（1）弄清平面形状、轴线及其编号。从图中可以看出，该房屋平面形状为长方形，总长为33.5m，总宽为13.1m；横向定位轴线13道，即①～⑬，纵向定位轴线6道，即Ⓐ～Ⓕ。由轴线编号及间距可知房间的开间和进深，开间一般是指房屋纵向轴线间的距离，进深是指房屋横向轴线间的距离，该房屋开间有3.3m、2.1m、2.4m三种，进深有4.8m、3.6m、2.4m三种。

（2）弄清平面布局及功能。由图可知，主要使用房间为学生宿舍，以⑦轴为分界线，左侧布置男生宿舍，右侧为女生宿舍，中间为主要入口及传达室；楼梯间及卫生间设于楼的东西两侧。

（3）重点看特殊房间、特殊部位的标高。如图所示可以看出，室外台阶表面标高为-0.020，室内主要地面标高均为±0.000，盥洗室地面标高是-0.020，厕所地面标高为-0.040（以防地面积水流入走道）。

（4）了解门窗的类型、数量及其位置。根据门窗的图例及代号（M、C）可知，该平面图共有四种门（即M1、M2、M3、M6），三种窗（即C1、C2、C4）。结合门窗表，可弄清其数量和型式。

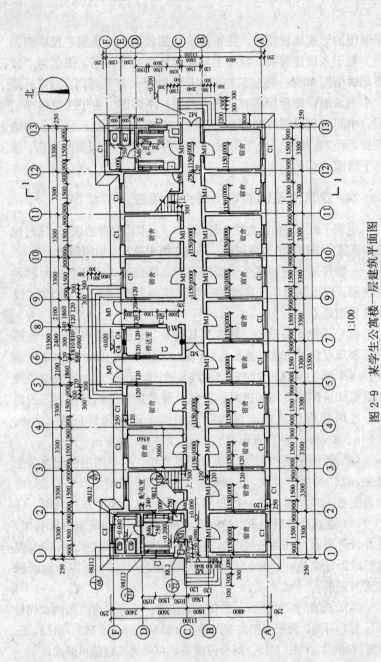

图 2-9 某学生公寓楼一层建筑平面图

(5) 了解剖面图的剖切位置。建筑制图标准规定，剖面图的剖切符号一律注写在一层平面图上。所以在看一层平面图时，应注意弄清剖面图的数量和剖切位置。从该图中可以看出，有一个剖面图，其剖切位置是在楼梯间（1-1剖面图），剖视方向向右。

(6) 根据详图索引，仔细阅读有关标准图集或大样图。如图中厕所隔断、盥洗槽、小便槽、垃圾道、拖布池等都标有索引符号，表明它们的详细构造做法，需另见详图。应根据详图索引查找详图，对照阅读。

25. 怎样看楼梯平面图？

一般情况，楼梯平面图要有一层、标准层、顶层平面图，若中间有变化，就须加变化层的平面图。楼梯平面图主要表示楼梯段的长度和宽度、休息平台面等标高。楼梯段的长用"踏面宽乘以踏面数（踏步数-1）来标注，即"$b×(n-1)$"。宽度包括休息平台板宽、梯段宽、梯井宽。还要注出楼梯间的开间，进深尺寸，墙厚尺寸，门、窗洞口的定形、定位尺寸等细部尺寸。在一层楼梯平面图中还要标注出楼梯剖面图的剖切位置及编号以及索引符号、文字说明等。图2-10为某楼梯平面图，识读步骤和内容如下：

(1) 看图名、比例，与建筑平面图中的楼梯间对照，校对其轴线编号、楼梯间的开间、进深、墙厚等是否一致。

(2) 看一层平面图，它主要表示一层上行梯段和休息平台下面的构造。

由图可知，上行梯段（第一跑）宽1370，踏步数为12步，第一步踏面宽320，其余为300，故梯段长为$320+300×10=3320$；第一步距Ⓒ轴460，休息平台宽1500；上行梯段下有储藏室，隔墙厚120，开有M5门；一层地面标高为±0.000，下五步后标高为-0.800；一层平面图上还标注出5-5剖面图的剖切位置。其余细部读者自行阅读。

(3) 看中间层平面图。该实例中间层是指二、三层平面图。它与一层平面图不同的是表示出三个梯段。上箭头到45°折断线表示

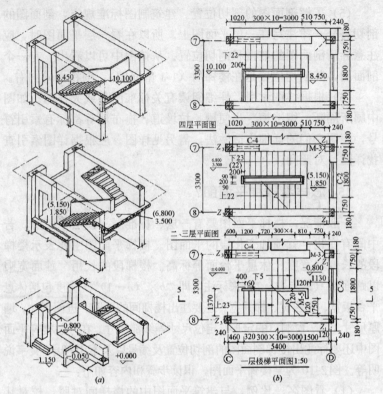

图 2-10 楼梯平面图
(a) 直观图；(b) 各层平面图

的是由本层往上走的上行梯段；下箭头表示出由本层往下走的完整的下行梯段；下箭头在平台处拐弯后到45°折断线处这段是由下一层往上走的上行梯段靠平台的部分。从二、三层平面图可看出，由第二跑往上的梯段长均为300×10＝3000。扶手宽为90，梯井宽为200，并注出了各层楼面和平台面标高和细部尺寸，由二层往上走22步到上一层。

（4）看顶层平面图。该建筑四层即为顶层，顶层平面图表示的是由顶层往下走的完整的下行梯段和由下一层往上走的上行梯段，同时表示出顶层楼面板边线上的护栏和扶手。

26. 怎样阅读屋顶平面图？

屋顶平面图是房屋的水平投影图，阅读的主要内容有：

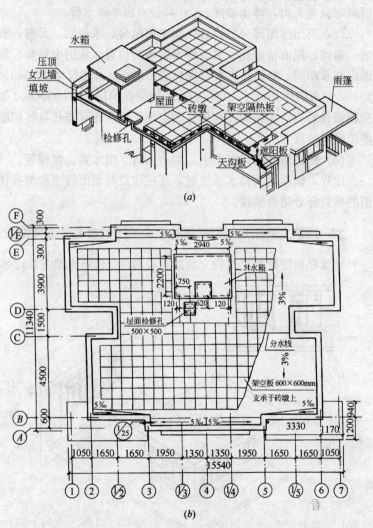

图 2-11 屋顶平面图示例
(a) 直观图；(b) 屋顶平面图

(1) 房屋屋面的排水情况,如排水分区、天沟位置、屋面坡度、雨水管位置等。从图2-11屋顶平面图中可知,该屋面分水线位于ⓒ、Ⓓ轴之间,将屋面分为两个排水分区,排水坡度为3%;屋面局部设有天沟,排水坡度5‰;共设有四个雨水管。

(2) 突出屋面部分的位置,如电梯机房、水箱间、天窗、管道、烟囱、屋面检修孔、屋面变形缝等的位置。从图中可知,屋面设有水箱间、检修孔和架空保护层;水箱间外形尺寸为2940×2200,屋面检修孔尺寸为500×500,架空保护层是由600×600架空板铺设而成;水箱间和检修孔的定位尺寸应注意查找与其相临定位轴线的尺寸关系。

(3) 构造做法的详图索引,如上人口、雨水管、爬梯等。

此外,识读屋面排水系统时,还应注意与屋面做法和墙身详图的檐口部分结合阅读。

27. 建筑立面图是如何形成的? 立面图的命名方法有哪些?

建筑立面图就是建筑物立面的正投影图,其形成如图2-12所

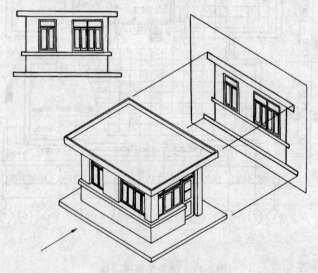

图2-12 立面图的形成

示。一幢建筑物一般应绘出每一侧的立面图；但当有相同的立面时，可减少立面图的数量；当建筑物有曲线或折线形的侧面时，可以将曲面或折面形的立面，绘成展开立面图，以使各部分反映实形。

建筑立面图通常有三种命名方法（图2-13）：

（1）按立面两端轴线的编号命名，如①～⑨立面图。这是最常用、最准确的方法。

（2）按立面朝向命名，如南立面图、北立面图、东立面图、西立面图，适合于建筑物朝向较正时。

（3）按立面主次命名，如房屋的主要入口或具有代表建筑的主要外貌特征的立面称为正立面，与正立面相反的立面为背立面，两侧为左、右侧立面图。

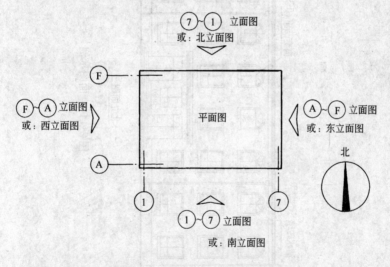

图2-13　建筑立面图命名方法

28. 建筑立面图有何作用？其读图步骤是什么？

立面图表示建筑的外貌、立面的布局造型，是设计人员构思建筑艺术的体现。在施工过程中，立面图主要用于室外装修。

读图步骤主要有以下几点：

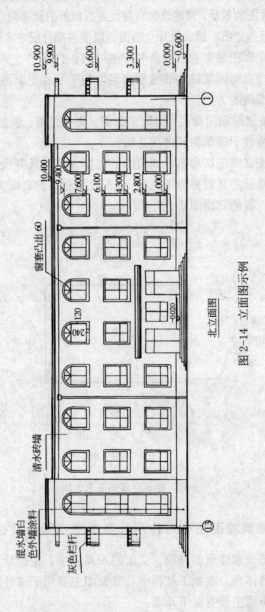

图 2-14 立面图示例

(1) 根据首层平面图上的指北针、轴线编号，确定该立面在整个建筑形体中所处的位置和朝向。图2-14所示的立面图与图2-10所示的一层平面图相对应。对照阅读可知，该立面图为北立面图。

(2) 分析立面图图形外部轮廓，了解建筑物的立面形状。

(3) 参照平面图及门窗表，综合分析外墙上门窗的种类、型式、数量、位置；

(4) 读关键部位的标高及尺寸，如室外地坪、台阶、阳台、门窗洞口、雨篷、檐口、屋顶等有关部位的标高；

(5) 了解立面上的细部构造，如台阶、雨篷、阳台、雨水管等；

(6) 阅读文字说明和符号，了解外装修材料和做法，对于立面中的特殊装饰造型，应通过详图搞清其构造做法。

29. 建筑剖面图是如何形成的？如何选择剖面图的剖切位置？

建筑剖面图是将房屋竖直剖切所形成的剖面图（图2-15）。

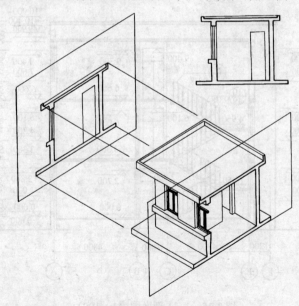

图2-15 剖面图的形成

建筑剖面图的剖切位置，一般应选择在建筑物的结构和构造比较复杂、能反映建筑物构造特征的具有代表性的部位，如楼梯间、层高发生变化的部位等。剖切平面宜通过墙体上的门、窗洞口，以便表达门、窗的高度和位置。剖切平面的剖切位置、投射方向和编号一般应在首层平面图中标注。

30．建筑剖面图的作用及识图要点是什么？

建筑剖面图主要用来表示房屋内部的分层、结构形式、构造方式、材料、做法、各部位间的联系及其高度等情况。在施工过程中，建筑剖面图是进行分层，砌筑内墙，铺设楼板、屋面板和楼梯，内部装修等工作的依据。其识图要点如下：

（1）结合图名，查阅底层平面图，明确剖面图的剖切位置和剖视方向。图2-16与问题24所示图2-10表示的是同一房屋，所以结合图2-10可知，1—1剖面图是通过楼梯间的房屋横向剖面图，剖视方向向右。

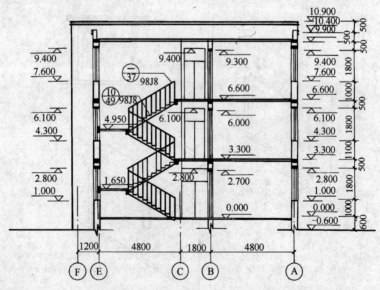

图2-16　1—1剖面图（1∶100）

(2) 分析建筑物内部的空间组合与布局，了解建筑物的分层情况。

(3) 了解建筑的结构与构造形式、墙、柱等之间的相互关系，结合有关详图对照阅读细部的构造关系与做法。

(4) 识读竖向尺寸及标高，了解建筑物的层高和楼地面的标高及其他部位的标高和有关尺寸。由图可知，该建筑的层高为 3.3m；楼地面的标高分别为±0.000、3.300、6.600；女儿墙有两种标高，分别是 10.400 和 10.900。

31. 什么是建筑详图？有何特点？

建筑平、立、剖面图一般以小比例绘制，许多细部难以表达清楚，把这些表达不清楚的局部用更大的比例单独绘制出来的图样称为建筑详图。建筑详图是建筑平、立、剖面图的补充和深化，是建筑工程细部施工、建筑构配件的制作及编制预算的依据。详图同样可能有平面详图、立面详图或剖面详图。当详图表示的内容较为复杂时，可在其上再索引出更大比例的详图。

详图有如下特点：

(1) 比例较大，常采用 1∶30、1∶20、1∶10、1∶5 等比例。
(2) 图示详尽清楚。
(3) 尺寸标注齐全。
(4) 文字说明详尽。

32. 常见的建筑详图有哪些？

建筑详图通常有节点详图、构配件详图和房间详图等。

节点详图是用来表达某一节点部位的构造、尺寸、做法、材料、施工要求等。最常见的节点详图是外墙身详图。

构配件详图是用来表达某一构配件的形式、构造、尺寸、材料、做法的图样。常见的有门窗详图、雨篷详图、阳台详图、壁柜详图等。

房间详图是将某一房间用更大的比例绘制出来的图样。常见的有楼梯间详图、厨房详图、卫生间详图等。一般来说，对于构造或固定设施比较复杂的房间，均需用房间详图来表示。

33. 外墙身详图的识读方法是什么？

外墙身详图实际上是建筑物外墙的局部放大剖面图，它表达了房屋的屋面、楼面、地面和檐口构造、楼板与墙的连接、门窗顶、窗台和勒脚、散水等处构造的情况，是施工的重要依据。识读墙身详图时应从以下几点入手（图2-17）：

（1）根据墙身的轴线编号，结合平、立、剖面图，查找所表示墙体的位置、剖视方向，了解墙体的厚度、材料及与轴线的关系。如该详图是Ⓐ轴、Ⓒ轴线上的外墙，墙体材料为黏土砖，墙厚为360mm，轴线外240 mm，轴线内120mm，因在各层窗台下留有暖气器槽，局部墙厚变为240 mm。

（2）看各层梁、板等构件的位置及其与墙身的关系。如图所示，各层窗上设有钢筋混凝土过梁，截面为矩形，过梁抹灰在外侧梁底部作了滴水线，过梁处墙内侧设有窗帘盒；各层楼板支撑在横墙上，平行于外纵墙布置，靠外纵墙处有一现浇板带，楼板层的材料、构造、尺寸见引出的分层说明。

（3）看室内楼地面、门窗洞口、屋顶等处的标高。识读标高时要注意建筑标高与结构标高的关系，如图中门窗洞口和屋顶处标高为结构标高，楼地面标高为建筑标高。

（4）看墙身的防水、防潮做法。如檐口、墙身、勒脚、散水、地下室的防潮、防水做法。图中在室内地坪高度处，墙身设置了钢筋混凝土防潮层；散水与墙身之间用沥青砂浆嵌缝。

（5）看详图索引。如图中雨水管及雨水管进水口、踢脚、窗帘盒、窗台板、外窗台等处均引有详图。

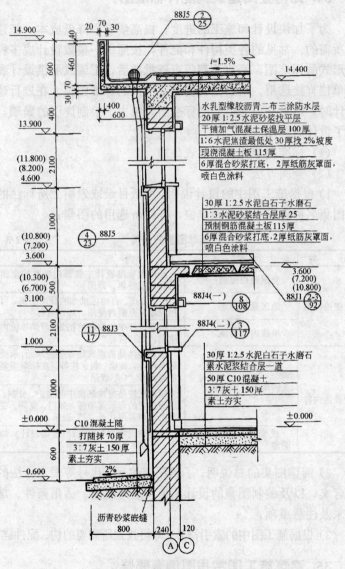

图 2-17 墙身详图示例 (1:20)

34. 如何查阅建筑构配件标准图？

为了加快设计和施工的进度，提高质量，降低成本，把建筑物所需的、常见的各类构件和配件，按照统一模数设计成多种不同形式的标准图，经有关部门审查批准后，汇编成册供设计和施工单位直接选用。这就是我们通常所说的标准图集。在进行建筑设计时，可直接引用适合的标准图，免去了绘制详图的繁琐，加快了设计的周期。

（1）标准图集的分类（表2-3）

（2）查阅方法

1) 根据施工图中的设计说明、图纸目录或索引上所标注的标准图集名称、编号及编制单位，查找所选用的图集；

标准图集的分类 表2-3

分类		具体内容
按使用范围	全国通用图集	经国家标准设计主管部门批准的全国通用的标准图集，即国标
	地区通用图集	经省、市、自治区批准的标准图集，可在相应地区范围内使用，如"省标"
	单位内部图集	由各设计单位编制的图集，可供单位内部使用，如"院标"
按表达内容	构配件标准图集	建筑构件是指建筑物骨架的单元，承受荷载的物件，如梁、板、柱等。在标准图集中常用代号"G"表示
		建筑配件是指建筑物中起维护、分割、美观等作用的非承重物件，如门、窗等。在标准图集中常用代号"J"表示
	成套建筑标准设计图集	整幢建筑物的标准设计(定型设计)，如住宅、小学、商店、厂房等

2) 阅读图集的总说明，了解图集编号、代号等表示方法的具体含义，以及编制图集的设计依据、适用范围、适用条件、施工要求及注意事项；

3) 根据施工图中的索引符号，即可找到所需要的构、配件详图。

35. 建筑施工图常用图例有哪些？

参见表2-4和表2-5。

表 2-4 总平面图中的常用图例

名 称	图 例	说 明	名 称	图 例	说 明
新建的建筑物	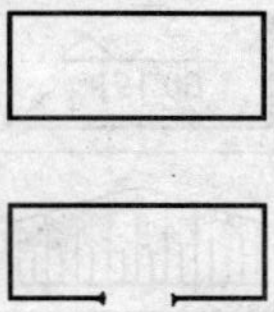	1. 上图为不画出入口图例，下图为画出入口图例 2. 需要时，可在图形内右上角以点数或数字（高层宜用数字）表示层数 3. 用粗实线表示	围墙及大门	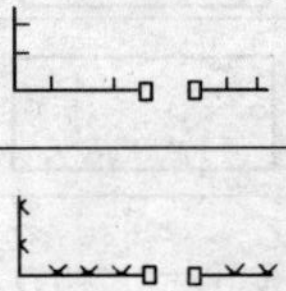	上图为砖石、混凝土或金属材料的围墙，下图为镀锌钢丝网、篱笆等围墙如仅表示围墙时，不画大门
原有的建筑物		1. 应注明拟利用者 2. 用细实线表示	原有的道路		
计划扩建的预留地或建筑物		用中虚线表示	计划扩建的道路		
拆除的建筑物	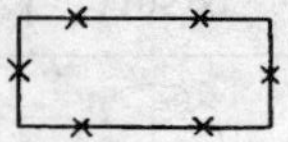	用细实线表示	人行道	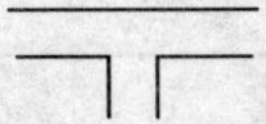	
新建的地下建筑物或构筑物		用粗虚线表示	桥梁（公路桥）	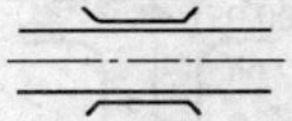	用于旱桥时应注明
敞棚或敞廊	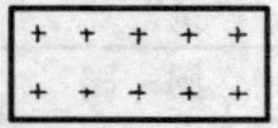		雨水井与消火栓井	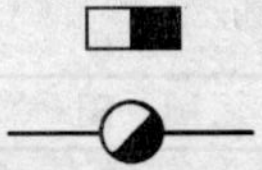	上图表示雨水井，下图表示消火栓井

43

续表

名称	图例	说明	名称	图例	说明
针叶乔木	 (树冠图形)	上图表示测量坐标,下图表示施工坐标	新建的道路	$\underset{6}{\overset{R9}{\triangledown}}\underset{}{\overset{101.00}{|}}\;150.00$	1. "R9"表示道路转弯半径为9m,"150.00"为路面中心的标高,"6"表示6%,为纵向坡度,"101.00"表示变坡点间距离 2. 图中斜线为道路断面示意,根据实际需要绘制
阔叶乔木	 (树冠图形)		针叶灌木	 (图形)	
坐标	  $\overset{X105.00}{Y425.00}$ $\overset{A131.51}{B278.25}$		阔叶灌木	 (图形)	
填挖边坡	 (图形)	边坡较长时,可在一端或两端局部表示	修剪的树篱	 (图形)	
护坡	(图形)		草地	(图形)	
室内标高	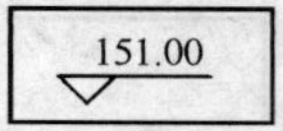 $\boxed{151.00}$		花坛	 (图形)	
室外标高	 ▼143.00				

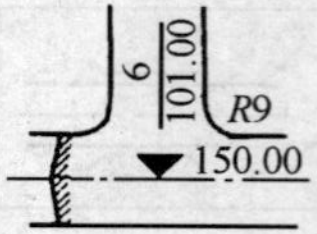

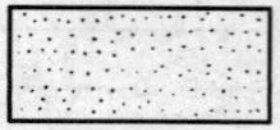

表 2-5 常用建筑构配件图例

图 例	名 称 及 说 明	图 例	名 称 及 说 明
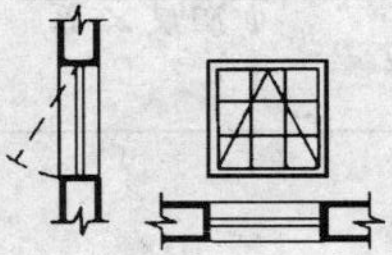	单层外开上悬窗 方向：平面图下为外；立面图虚线为外开，剖面图左为外，右为内	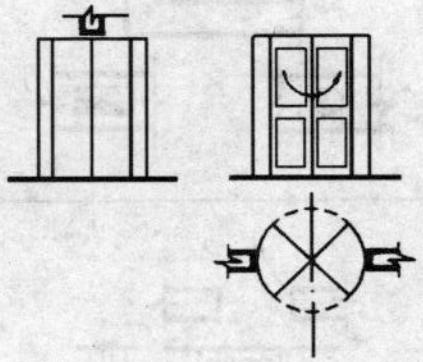	转门
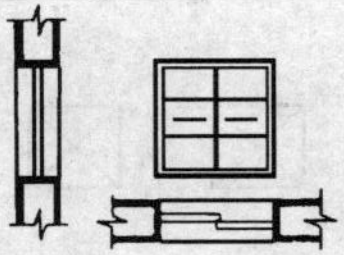	推拉窗	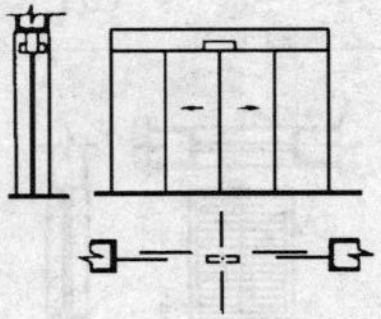	自动门
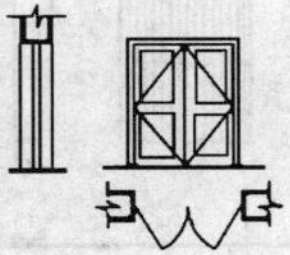	双扇门（包括平开或单面弹簧）	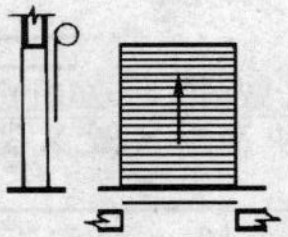	竖向卷帘门

45

续表

图例	名称及说明	图例	名称及说明
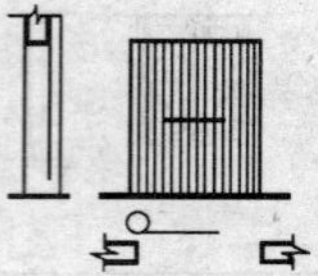	横向卷帘门	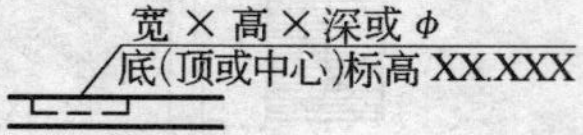宽×高×深或 φ 底(顶或中心)标高 XX.XXX	墙预留槽:以洞中心或洞边定位
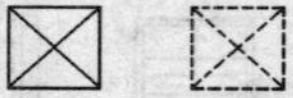	检查孔:左图为可见检查孔,右图为不可见检查孔	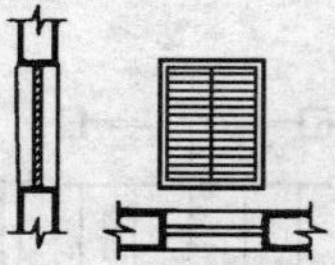	百叶窗
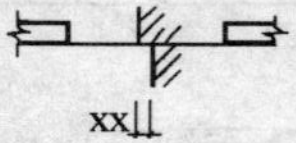xx	平面高差:适用于高差小于100的两个地面或楼面	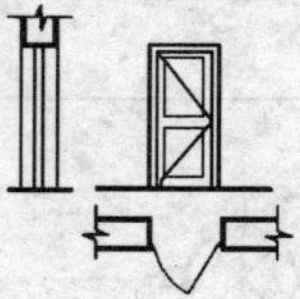	单扇门(包括平开或单面弹簧,门开启方向表示同窗)
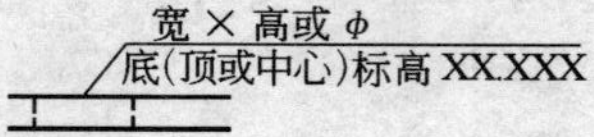宽×高或 φ 底(顶或中心)标高 XX.XXX	墙预留洞:以洞中心或洞边定位	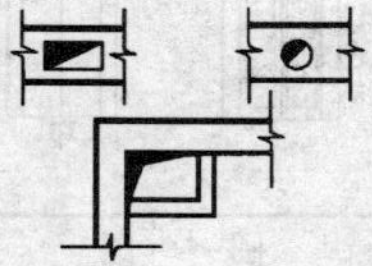	烟道

续表

名称及说明	图例	名称及说明	图例
自动人行道及自动人行坡道		通风道	
门口坡道		电梯	
旋臂起重机,G_n—起重机起重量;S—起重机的跨度或臂长	$G_n=$ [t] $S=$ [m]	自动扶梯	

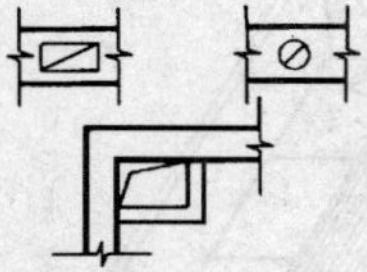

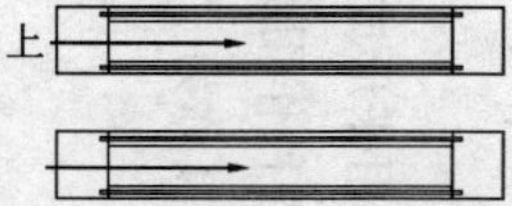

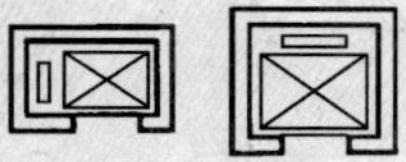

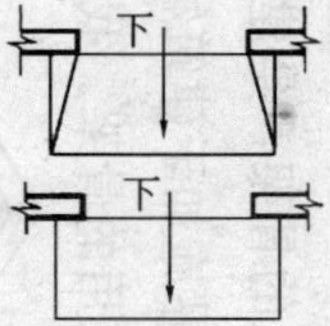

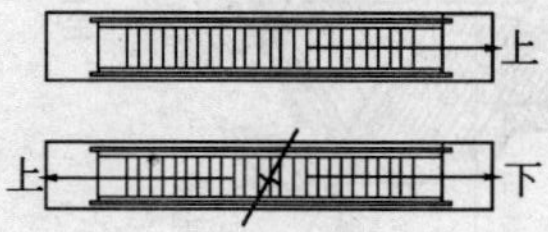

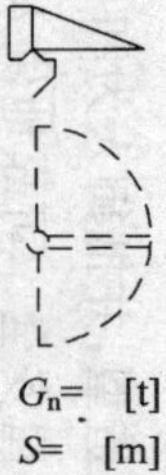

47

第三章 结构施工图

36. 什么是房屋建筑的"结构"？常见的结构类型有哪些？

房屋建筑的结构就好象房屋的骨架，是建筑物用来形成一定空间及造型，并抵御人为和自然界施加于建筑物的各种作用力，以保证房屋安全、可靠地供人们使用的骨架。我们将其称为"建筑

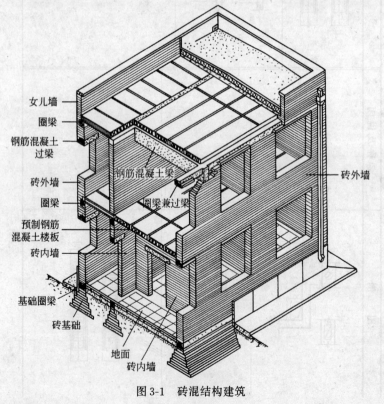

图 3-1 砖混结构建筑

结构"，简称为"结构"；而组成这个结构系统的各个构件称为"结构构件"，如房屋的屋顶、楼板、梁、柱、承重墙和基础等，是房屋建筑的主要受力构件。它们相互支承，联成整体，构成了房屋的结构体系。

根据我国目前大部分地区的材料供应情况和施工条件，通常采用以下两种结构类型：

（1）混合结构 是指用砌体作为承重墙或柱，楼板和屋盖采用钢筋混凝土、钢木等结构材料，这类房屋结构一般称之为混合结构。最常见的是"砖混结构"，即承重墙为砖砌体，楼板、梁、屋盖采用钢筋混凝土材料，如图 3-1 所示。

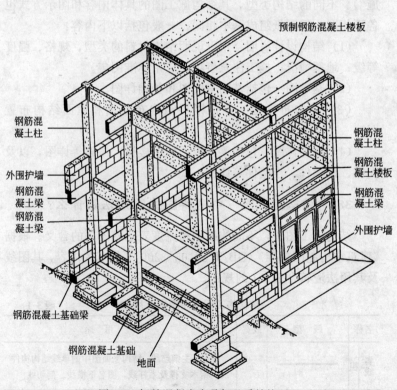

图 3-2 钢筋混凝土全骨架承重结构

(2) 钢筋混凝土结构 是指建筑结构构件均采用钢筋混凝土材料的结构形式，即用钢筋混凝土柱、梁、板、墙等分别作为垂直方向和水平方向的承重构件。常见的有框架结构、剪力墙结构等，如图 3-2 所示。

37. 结构施工图设计的原理及图纸组成是什么？

结构施工图设计是将房屋建筑中的承重构件进行结构设计、计算后画出的。结构设计时要根据建筑要求选择结构形式，进行合理布置，再通过力学计算确定构件的断面形状、大小、材料及构造等，并将设计结果绘成图样，即为结构施工图（简称"结施"）。不同的结构类型，其结构施工图的具体内容和图示方式也各不相同，但图纸组成基本相同，一般包括以下内容：

（1）结构设计说明 用以说明结构材料的类型、规格、强度等级；地基情况；施工注意事项；选用标准图集。

（2）基础图 包括基础平面图和基础详图。

（3）结构布置图 包括楼层结构布置图和屋面结构布置图。

（4）构件详图 包括梁、板、柱、楼梯、屋架等详图，以及支撑、预埋件、连接件等详图。

38. "结构施工图"中各种图线的用法是什么？

结构施工图中，不同的线型和宽度表示着不同的含义。根据《建筑结构制图标准》（GB/T 50105—2001）的有关内容，其图线及其用法应符合表 3-1 的规定。

结构施工图常用图线及用途　　　　表 3-1

名称	线型	线宽	一般用途
实线 粗	———	b	螺栓、主钢筋线、结构平面图中的单线结构构件线、钢木支撑及系杆线，图名下横线、剖切线

续表

名称		线型	线宽	一般用途
实线	中	——————	0.5b	结构平面图及详图中剖到或可见的墙身轮廓线、基础轮廓线、钢、木结构轮廓线、箍筋线、板钢筋线
	细	——————	0.25b	可见的钢筋混凝土构件的轮廓线、尺寸线、标注引出线,标高符号,索引符号
虚线	粗	— — — —	b	不可见的钢筋、螺栓线,结构平面图中的不可见的单线结构构件线及钢、木支撑线
	中	— — — —	0.5b	结构平面图中的不可见构件、墙身轮廓线及钢、木构件轮廓线
	细	— — — —	0.25b	基础平面图中的管沟轮廓线、不可见的钢筋混凝土构件轮廓线
单点长画线	粗	—·—·—	b	柱间支撑、垂直支撑、设备基础轴线图中的中心线
	细	—·—·—	0.25b	定位轴线、对称线、中心线
双点长画线	粗	—··—··—	b	预应力钢筋线
	细	—··—··—	0.25b	原有结构轮廓线
折断线		─⋀─	0.25b	断开界线
波浪线		～～～	0.25b	断开界线

39. 钢筋在结构施工图中是如何表示的?

(1) 钢筋的图示方法

钢筋的图示方法是结构图阅读的主要内容之一。单根钢筋通常用粗实线表示,黑圆点表示钢筋的横断面,另外还有一些常用的图示方法,详见表3-2所示。

钢 筋 的 图 示 方 法　　　　表3-2

图　例	名称及说明	图　例	名称及说明
	端部无弯钩钢筋 下图表示长短钢筋投影重叠时短钢筋的端部用斜划线表示	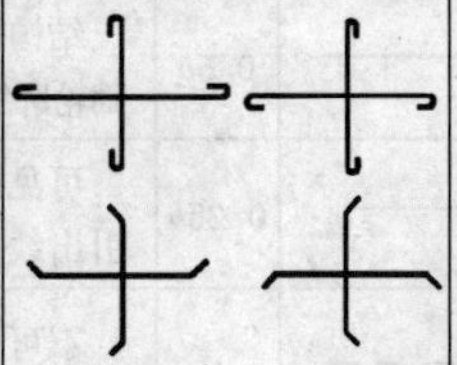 (底层)　(顶层)	结构平面图中配置双层钢筋时，底层钢筋弯钩向上或向左，顶层钢筋弯钩向下或向右
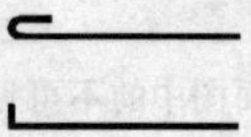	端部是半圆形弯钩或直弯钩的钢筋		
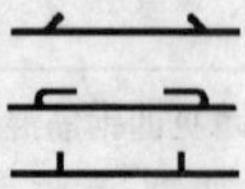	钢筋的搭接 上为无弯钩，中为圆下为直弯钩	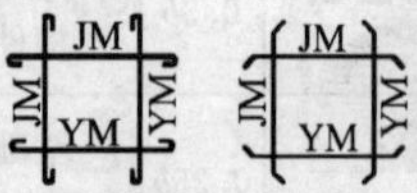 (JM近面；YM远面)	砖混墙体配双层钢筋时，配筋立面图中远面钢筋弯钩向上或向左；近面弯钩向下或向右
	带丝扣的钢筋端部	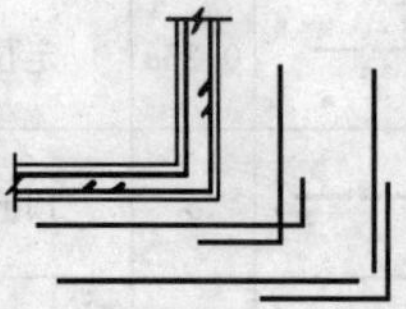	断面图不能表达清楚的钢筋布置，应在断面图增加钢筋大样图
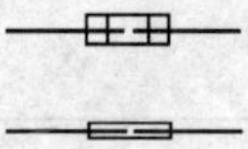	花篮螺丝钢筋接头 机械连接的钢筋接头		
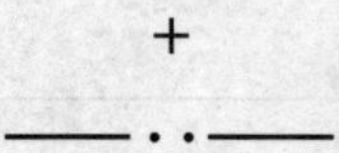	单根预应力钢筋断面 预应力钢筋或钢绞线		箍筋、环筋等若布置复杂时，可加画钢筋大样及说明
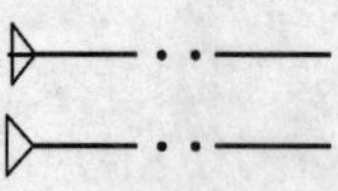	张拉端锚具 固定端锚具	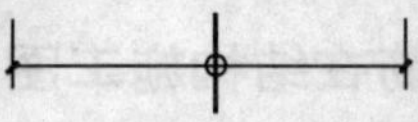	一组相同钢筋、箍筋或环筋可用一根粗线表示同时要表明起止位置

（2）钢筋的等级符号

钢筋按其强度和种类分成不同的等级，等级符号由直径符号变化而来，见表3-3所示。

常用钢筋代号　　　　表3-3

钢筋种类	符号	钢筋种类	符号
Ⅰ级钢筋	φ	Ⅳ级钢筋	$\underline{\overline{\phi}}$
Ⅱ级钢筋	$\underline{\phi}$	冷拔低碳钢丝	ϕ^b
Ⅲ级钢筋	$\underline{\phi}$	冷拉Ⅰ级钢	ϕ^l

（3）钢筋的编号及标注

为了便于识读及施工，构件中的各种钢筋应按其等级、形状、直径、尺寸的不同进行编号，标注形式见图3-30：

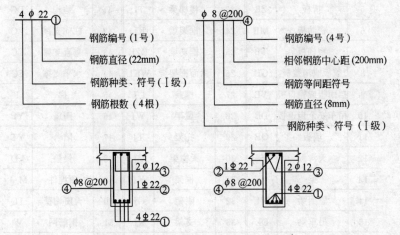

图3-3　钢筋的标注形式

（4）钢筋构造要求

通常，结构施工图可能不会将钢筋构造要求全部示出。实际施工时，一般按混凝土结构设计规范、建筑抗震设计规范、钢筋混凝土结构构造图集或结构标准设计图集的构造要求，结合结构施工图指导施工。读者可参考上述设计规范、图集，学习识图。

40. 常用结构构件代号有哪些？

通常结构构件的代号，即为构件名称汉语拼音的第一个字母。如梁用"L"表示、板为"B"、基础为"J"等等。为了统一标准，

《建筑结构制图标准》(GB/T 50105—2001)对常用构件代号作了统一的规定，见表3-4。

常用构件代号　　　　表3-4

序号	名称	代号	序号	名称	代号	序号	名称	代号
1	板	B	19	圈梁	QL	37	承台	CT
2	屋面板	WB	20	过梁	GL	38	设备基础	SJ
3	空心板	KB	21	连系梁	LL	39	桩	ZH
4	槽形板	CB	22	基础梁	JL	40	挡土墙	DQ
5	折板	ZB	23	楼梯梁	TL	41	地沟	DG
6	密肋板	MB	24	框架梁	KL	42	柱间支撑	ZC
7	楼梯板	TB	25	框支梁	KZL	43	垂直支撑	CC
8	盖板或沟盖板	GB	26	屋面框架梁	WKL	44	水平支撑	SC
9	挡雨板或檐口板	YB	27	檩条	LT	45	梯	T
10	吊车安全走道板	DB	28	屋架	WJ	46	雨篷	YP
11	墙板	QB	29	托架	TJ	47	阳台	YT
12	天沟板	TGB	30	天窗架	CJ	48	梁垫	LD
13	梁	L	31	框架	KJ	49	预埋件	M—
14	屋面梁	WL	32	刚架	GJ	50	天窗端壁	TD
15	吊车梁	DL	33	支架	ZJ	51	钢筋网	W
16	单轨吊车梁	DDL	34	柱	Z	52	钢筋骨架	G
17	轨道连接	DGL	35	框架柱	KZ	53	基础	J
18	车挡	CD	36	构造柱	GZ	54	暗柱	AZ

注：1. 预制钢筋混凝土构件、现浇钢筋混凝土构件、钢构件和木构件，一般可直接采用。在绘图中，当需要区别上述构件的材料种类时，可在构件代号前加注材料代号，并在图纸中加以说明。

2. 预应力钢筋混凝土构件的代号，应在构件代号前加注"Y-"，如Y-DL表示预应力钢筋混凝土吊车梁。

41. 什么是基础？基础与地基有何不同？

基础是建筑物的墙或柱深入地面以下的部分，是建筑物的一部分。它是由以下部分组成的（图3-4）：

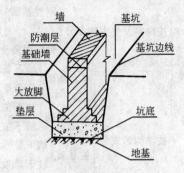

图3-4 基础的组成

（1）地基——指基础底下天然的或经过加固的土壤。
（2）基坑——是为了基础施工而在地面上开挖的土坑。
（3）坑底——即基础的底面。
（4）基础墙——埋入地下的墙。
（5）大放脚——基础墙与垫层之间做成阶梯形的砌体。
（6）防潮层——基础墙上防止地下水对墙体侵蚀的一层防潮材料。
（7）基础埋置深度——是指室内地面（±0.000）至基础地面的深度。
（8）垫层

基础与地基是不同的。基础是建筑物的组成部分，建筑物的各种荷载通过基础传递给地基；而地基不是建筑物的组成部分，它是基础下部的土层，不同的地质条件，地基的承载力是不同的，地基因受建筑物荷载的作用而产生应力和应变。

42. 基础通常有哪些类型？其构造形式是怎样的？

根据上部结构形式和地基承载能力的不同，基础的形式也不同，所以其种类繁多。按照基础的材料及受力特点或构造形式归纳如下：

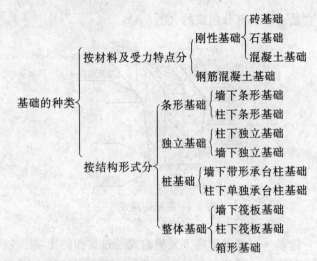

其基础构造形式见图 3-5～图 3-8。

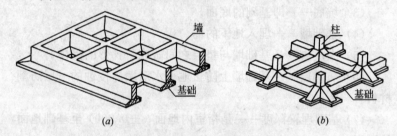

图 3-5 条形基础
(a) 墙下条形基础；(b) 柱下条形基础

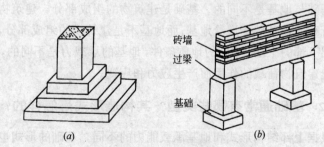

图 3-6 独立基础
(a) 柱下独立基础；(b) 墙下独立基础

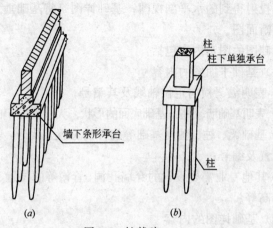

图 3-7 桩基础
(a) 墙下桩基础;(b) 柱下桩基础

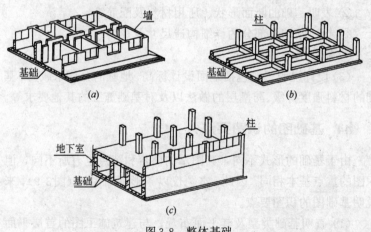

图 3-8 整体基础
(a) 板式基础;(b) 梁板式基础;(c) 箱形基础

43. 基础图是如何形成的？有哪些图示内容？

基础图一般包括基础平面图、基础断面详图和设计说明等内容。基础平面图是假想用一个水平面沿着首层地坪把整个建筑物切断，移去上部房屋和基础上的填土，将基础裸露出来并向水平投影面投射得到的水平剖视图；基础详图是将基础垂直剖切开所得到的断面图。

基础图的图示内容包括：

(1) 基础平面图的内容

① 表明纵、横向定位轴线及其编号；

② 表明基础墙、柱、基础底面的形状、大小及其与轴线的关系；

③ 基础梁、柱、独立基础等构件的位置及代号，基础详图的剖切位置及编号；

④ 其他专业需要设置的穿墙孔洞、管沟等的位置、洞口尺寸、洞底标高等。

(2) 基础详图的内容

① 基础断面图轴线及其编号（当一个基础详图适用于多个基础断面或采用通用图时，可不标注轴线编号）；

② 表明基础的断面形状、所用材料及配筋；

③ 标注基础各部分的详细构造尺寸及标高；

④ 防潮层的做法和位置。

(3) 设计说明一般包括地面设计标高、地基的允许承载力、基础的材料强度等级、防潮层的做法以及对基础施工的其他要求等。

44. 基础图的识图要点？

由于基础的形式不同，其图示的内容和特点也有所不同，但识图的重点基本相同。因此，本题仅以条形基础为例（图3-9），来说明基础图的识图要点。

(1) 查明基础类型及其平面布置，与建筑施工图的首层平面图是否一致。

(2) 阅读基础平面图，了解基础边线的宽度及尺寸。在基础平面图中，只绘制基础墙、柱等基底平面轮廓即可，其他细部，如条形基础的大放脚、独立基础的锥形轮廓线等，都不表现在基础平面图中。由图可知，该基础边线的宽度有五种，分别为1800mm、2300mm、1500mm、1000mm 和 1200mm。

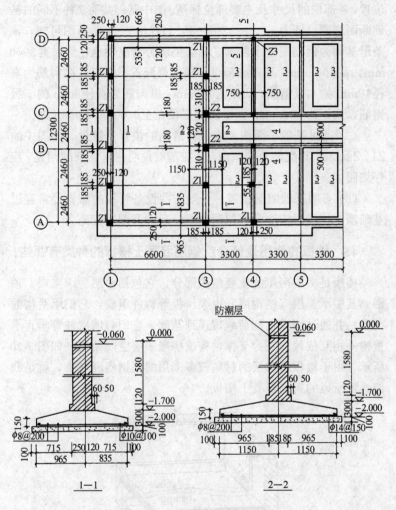

图 3-9 基础图示例

(3) 将基础平面图与基础详图结合阅读,查清轴线对应关系。从图中看出,该建筑外墙基础均为偏轴(轴线不在墙的中心线上),外 250 mm,内 120 mm;内墙基础均对中。

(4) 结合基础平面图的剖切位置及编号,了解不同部位的基础断面形状(如条形基础的放脚收退尺寸)、配筋、材料、防潮层位置、各部位的尺寸及主要部位标高。图中基础共有5种不同的基础断面详图（即1—1、2—2……5—5）；从1—1断面图可知，该条形基础为钢筋混凝土基础，基础垫层为素混凝土，垫层宽2000 mm，高100 mm；基础底部纵、横向都配置了钢筋，横向筋为直径10mm的Ⅰ级钢筋，间距为100mm；纵向筋为直径8mm的Ⅰ级钢筋，间距为200mm；基础防潮层设在±0.000下60mm处。

（5）通过基础平面图，查清构造柱的位置及数量。如图中的Z1、Z2、Z3，其配筋及构造做法，在基础说明中有详细的阐述，应仔细阅读。

（6）查明基础留洞位置。一般一些设备管线的布置经常穿过基础墙，识图时应注意其留洞位置、尺寸及洞底标高。

45. 楼板的作用是什么？钢筋混凝土楼板的种类有哪些？

楼板是多层房屋的重要组成部分，它包括面层、承重层、顶棚。其中承重层（结构层）由梁、板等构件组成，它们承受楼面荷载，并通过墙或柱把荷载传递到基础。它们与墙或柱等垂直承重构件相互依赖，互为支撑，构成房屋多层空间结构，如图3-10所示。由于楼板结构层的材料较多采用的是钢筋混凝土，就是我们通常所说的钢筋混凝土楼板。

图3-10 楼板层的组成

钢筋混凝土楼板根据施工方式不同，可分为装配式（预制）、整体式（现浇）以及现浇与预制结合三种。装配式（预制）楼板采用承重构件，在工厂预制，在施工现场安装的施工方式；整体式楼板，即现浇钢筋混凝土楼板，是在施工现场支模板、绑扎钢筋、浇捣混凝土梁、板，经养护后而成的，如图3-11所示。

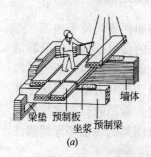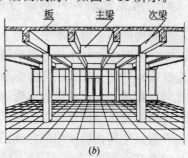

图3-11 装配式和整体式钢筋混凝土楼板示意
(a)装配式楼板层；(b)整体式钢筋混凝土楼盖

46. 楼层结构布置图包含哪些内容？

结构施工图中，通常用楼层结构布置图来表示楼板层结构的相互关系及情况，主要表示每层楼面梁、板、柱、墙及楼面下层的门窗过梁、大梁、圈梁的布置，和它们之间的结构关系，以及现浇板的构造与配筋等情况。楼层结构布置图是施工时布置或安装各层楼面的承重构件、制作圈梁和现浇板的施工依据。图纸组成包括：

（1）楼层结构布置平面图：由于表达的是结构层，假想把楼板层的上下装修层、梁墙柱的面层等剥去，只剩下裸露的结构层，再假想用一个水平剖切面沿着楼层将房屋剖切开，移去上部，作楼层的水平投影图，即为该楼层的结构布置平面图。它用来表示该楼层的梁、板、柱、墙的平面布置，现浇钢筋混凝土楼板的构造与配筋，及它们之间的结构关系。

（2）局部剖（断）面详图：对于楼层结构布置平面图表达不清的部分，如支座处的搭接、竖直方向的构件布置和构造等节点处，可辅以相应的局部剖（断）面详图来表达。

（3）构件统计表：以表格形式分层统计出各层平面布置图中各类构件的名称、代号、数量、详图所在图纸（图集）的图号、备注等。构件统计表是编制预算和施工准备的重要依据之一。

(4) 文字说明：用以注写施工要求和注意事项等。

47. 常见预制构件的编号是如何规定的？

预制构件多采用标准图。为了图示简明扼要，便于施工、查阅，在结构图中往往用编号表示预制构件的型号规格，其配筋情况应根据构件编号查找相应的标准图集。编号的内容一般包括构件代号、跨度、宽度和所能承受的荷载级别等几方面。但编号各地区有所不同，全国没有统一的标准规定。看图时应阅读结构说明，弄清该结构图所使用的标准图集，按图集的说明来理解构件编号的含义。

以下为某标准图集的构件编号，以此为例说明编号的一般阅读方法。

梁、板的编号含义　　　　　　　　　　　表3-5

梁	过　梁
L ××-×： L——梁的代号 ××——跨度代号 ×——荷载级别代号 如"L51-4"表示该梁轴线跨度为5100mm，荷载等级为4	GL ××××-×： GL——钢筋混凝土矩形截面过梁代号 ××——洞口净跨 ××——过梁宽度 ×——荷载级别代号 如"GL15240"表示该过梁的洞口净跨为1500mm，过梁宽度为240mm，荷载等级为0
预应力多孔板	槽板
Y—KB ××× -×： Y—KB——预应力钢筋混凝土空心板 ××——板跨 ×——板宽 ×——荷载等级 如"Y-KB365-4"表示预应力钢筋混凝土空心板板跨3600mm，板宽为500mm，荷载等级为4级	CB ×××× CB——槽板代号 ××——板跨 ×——板宽 ×——荷载等级 如"CB365-6"表示槽板跨度为3600mm，板宽为500mm，荷载等级为6

48. 如何读绘装配式（预制）楼板结构布置图？

装配式楼板的结构布置图主要用来表示预制楼板与墙体（柱）或梁的搭接关系，预制板的规格和数量、局部现浇的配筋情况以及各构件（如过梁）的位置、规格等。其具体读绘要点如下：

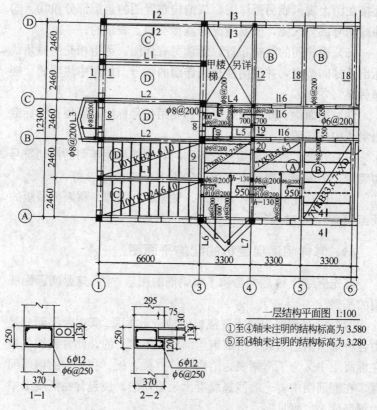

图 3-12 装配式楼板的结构布置图

（1）定位轴线与建筑平面图应完全一致。

（2）对于承重构件布置相同的楼层，可只画一个构造平面图，该图为标准层结构平面图。

(3) 预制板平面布置的表示方法：在结构单元内（即一个开间）按实际投影用细实线画出板的排列，并在排列范围内画一条对角线，在对角线的上下注出板的数量、规格及型号。排列相同的开间或区域，不必一一画出楼板的布置情况，可用编号说明，如图3-12中所注A、B、C、D。

(4) 注意查看局部现浇部分的配筋情况。板的配筋情况，可直接在图上表示或另画详图。该结构布置图的走廊部分和③、⑤轴线间有部分现浇，配筋情况是直接在图上表示的。

(5) 楼梯间的结构布置，通常另有详图，可用相交的对角线标出楼梯间范围，并注明楼梯间详图的编号。如图中注明的"楼梯另详"。

(6) 楼面梁、圈梁及过梁等都要用代号标出，以便查找标准图集或构件详图。

(7) 凡墙、板、圈梁构造不同时，均应标注不同的剖切符号和编号，依编号查阅节点详图，如图中1—1、2—2等。

(8) 应标注的尺寸：轴间距、轴全距、墙厚、梁断面及板的顶面标高、下皮标高。

49. 怎样阅读现浇板的配筋平面图？

首先应结合39题熟悉和了解钢筋的图示方法，这是阅读配筋图的基础。

图3-13是钢筋混凝土现浇板的构造示意图。其中骨架部分是由各种形状钢筋组成（用细钢丝绑扎或焊接）的，此骨架被包裹在混凝土中。为了清晰表达结构构件（梁、板、柱）中的钢筋配置，在配筋图中，一般假想混凝土是透明的，使包含在混凝土中的钢筋成为"可见"。

图3-14是现浇板的配筋平面图。图中钢筋用粗实线表示，虚线表示板下的支座（墙体或梁）的不可见轮廓线。从39题可知，钢筋弯钩的方向表示配筋平面图中钢筋在板中的上下位置。图中①号钢筋和②号钢筋是布置在板下部承受拉力的受力筋，钢筋两端

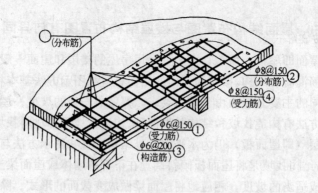

图 3-13 现浇板的构造示意图

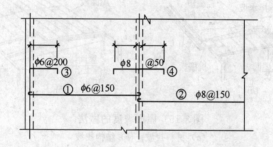

图 3-14 现浇板的配筋平面图

是向上弯起的半圆弯钩；③号钢筋是支座处的构造筋，布置在板的上层，钢筋端部为直钩，向下弯，伸入支座的部分用尺寸标注出来；④号钢筋是中间支座的负弯矩钢筋，属于受力筋，布置在板的上层，钢筋端部为直钩向下弯，跨过支座的长度用尺寸标注出来。

习惯上，现浇钢筋混凝土板的配筋平面图中不绘制分布筋，因为分布筋一般是直筋，其作用是固定受力筋和构造筋位置，不需计算，施工时根据需要设置（一般为直径4～6mm、间距为250～300mm 的钢筋）。

50. 屋面结构布置图与楼层结构布置图有何异同？

屋面即屋顶、屋盖，大多数民用房屋的楼层和屋面一般都采用钢筋混凝土结构，楼层和屋面的结构布置和图示方法基本相同，所不同的主要是屋面由于排水要求，要做成一定的坡度。屋面找坡的方法有构造找坡和结构找坡两种。构造找坡又称材料找坡，其结构层（即屋面板）仍为水平的，其结构布置和图示方法与楼板相同；结构找坡是将屋面板倾斜搁置在下部的墙体或屋面梁上，为了形成适当的坡度，相应地将屋面梁做成变截面的形式。除此之外，与楼板层的构造没有多大区别，见图3-15。

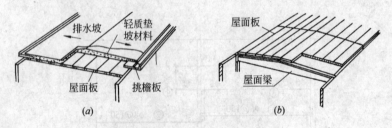

图3-15 屋面坡度的做法
（a）材料找坡；（b）结构找坡

51. 什么是"平法"？

"平法"是建筑结构施工图平面整体表示法的简称，它是一种新型的结构施工图表达方法。概括地讲，它是把结构构件的尺寸和配筋及构造，整体直接表达在各类构件的结构平面布置图上，再与标准构造详图相配合，构成一套完整的结构施工图表达方法，适用于现浇钢筋混凝土框架、剪力墙、框剪和框支剪力墙主体结构施工图的设计。

"平法"的最大特点是，改变了传统的将构件从结构平面布置图中索引出来，再逐个绘制配筋详图的繁琐方法，大大简化了绘图过程，提高了设计效率，缩减了1/3图纸量，且便于施工看图、记忆和查找。近几年来已被设计单位广泛采纳使用，是当前结构施工图表达的主要方法。本章后面的问题，将主要阐述用"平法"表达的柱、墙、梁等构件施工图的识读要点，传统的构件详图的表达方法不再阐述。

需要指出的是，"平法"的表达方式、方法根据构件配筋等情况的不同，有很多具体的规定，内容较多，不能一一详尽。因此，具体应用和读图时，应详细阅读"平法"国家标准图集。

目前最新的"平法"标准图集是《混凝土结构施工图平面整体表示方法制图规则和构造详图》（03G101—1）。由于"平法"是一种新型的结构施工图表达方法，所以有一个不断完善的过程，因此标准图集更新的速度较快，应及时查找最新的标准。

52. 柱平法施工图的图示规则有哪些？

柱平法施工图，是指在柱平面布置图上采用列表注写方式或截面注写方式表达的施工图。列表注写方式，即在柱平面布置图上，分别在同一编号的柱中各选择一个截面标注几何参数代号，在柱表中注写几何尺寸与配筋具体数值，并配以各种柱截面形状及其箍筋类型图的方式，来表达柱平法施工图；截面注写方式，是在标准层绘制的柱平面布置图上，分别在同一编号的柱中各选择一个截面，以直接注写截面尺寸和配筋具体数值的方式来表达柱平法施工图。

由于篇幅所限，本题仅以列表注写方式，说明柱平法施工图的图示规则。图3-16为用列表注写方式表达的柱平法施工图示例，识读时，应注意理解柱表的内容，它包括以下六项：

（1）柱编号：由类型代号和序号组成，柱类型见表3-6。

柱 编 号　　　　　表3-6

柱 类 型	代 号	柱 类 型	代 号
框 架 柱	KZ	梁 上 柱	LZ
框 支 柱	KZZ	剪力墙上柱	QZ

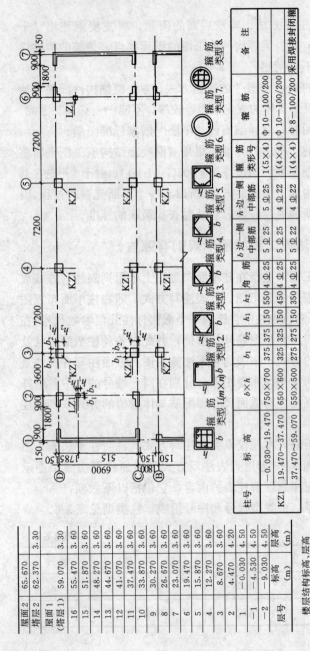

图 3-16 列表注写方式柱平法施工图示例

如图中的柱表示的柱编号为"KZ1",即1号的框架柱。

(2) 各段柱的起止标高:自柱根部往上以变截面位置或截面未变但配筋改变处为界分段注写。注意框架柱和框支柱的根部标高指基础顶面标高,梁上柱的根部标高指梁顶面标高;剪力墙上柱的根部标高分两种:当柱纵筋锚固在墙顶部时,其根部标高为墙顶面标高,当柱与剪力墙重叠一层时,其根部标高为墙顶下面一层的楼层结构标高。

如图中的柱表分三段高度进行分段注写,标高"−0.030～19.470"段,柱截面尺寸为"750×700";标高"19.470～37.470"段,柱截面尺寸为"650×600";标高"37.470～59.070"段,柱截面尺寸为"550×500"。另外,三段的配筋也有所不同,因此将其标高分三段进行注写。

(3) 柱截面尺寸 $b \times h$ 及与轴线关系 b_1、b_2 和 h_1、h_2 的具体数值,须对应于各段柱分别注写,其中 $b=b_1+b_2$,$h=h_1+h_2$。

(4) 柱纵筋、分角筋、截面 b 边中部筋和 h 边中部筋三项(对称截面对称边可省略);当为圆柱时,表中角筋一栏注写圆柱的全部纵筋。

如图中的柱表标高为"−0.030～19.470"段,配筋情况是角筋为4根直径25mm的Ⅱ级钢筋,截面的 b 边一侧中部筋为5根直径25mm的Ⅱ级钢筋,截面的 h 边一侧中部筋与 b 边的相同。

(5) 箍筋类型号及箍筋肢数:具体工程所设计的各种箍筋类型图须画在表的上部或图中的适当位置,编上类型号,并标注与表中相对应的 b、h 边。

如图中,在柱表的上部画有该工程的各种箍筋类型图,柱表中箍筋类型号一栏,表明该柱的箍筋类型采用的是类型1,小括号中表示的是箍筋肢数组合,5×4组合见图左下角所示。

(6) 柱箍筋,包括钢筋级别、直径与间距。当为抗震设计时,用斜线"/"区分箍筋加密区与非加密区长度范围内箍筋的不同间距。

如图中柱表的箍筋,第一段为"Φ10-100/200",表示箍筋为

Ⅰ级钢筋，直径10mm，加密区间距100mm，非加密区间距为200mm。

53. 梁平法施工图图示规则有哪些？

梁平法施工图是指在梁平面布置图上，采用平面注写方式或截面注写方式来表达梁的尺寸、配筋、编号等整体情况。识读时，须注意以下规则：

(1) 平面注写方式，是在梁平面布置图上，分别在不同编号的梁中各选择一根梁，在其上注写截面尺寸和配筋具体数值的方式来表达梁平法施工图。平面注写包括集中标注和原位标注两项内容，集中标注表达梁的通用数值（可从梁的任意一跨引出），原位标注表达梁的特殊数值。施工时，原位标注取值优先。

(2) 梁集中注写的内容，有四项必注值及一项选注值，即：梁编号、梁截面尺寸、梁箍筋、梁上部贯通筋或架立筋根数和梁顶面标高高差（本项为选注值，有高差时则注）。

①梁的编号：由梁类型代号、序号、跨数及有无悬挑代号几项组成，具体见表3-7的规定。

梁 编 号　　　　　　　　　表3-7

梁类型	代号	序号	跨数及是否带有悬挑
楼层框架梁	KL	××	(××) 或 (××A) 或 (××B)
屋面框架梁	WKL	××	(××) 或 (××A) 或 (××B)
框支梁	KZL	××	(××) 或 (××A) 或 (××B)
非框架梁	L	××	(××) 或 (××A) 或 (××B)
悬挑梁	XL	××	

注：(××A) 为一端有悬挑，(××B) 为两端有悬挑，悬挑不计入跨数。

根据以上编号原则可知，图3-17的集中注写中"KL2 (2A)"表示的含义是：第2号框架梁，两跨，一端有悬挑。

②梁截面尺寸：用 $b \times h$ 表示，如 300×650，表示截面宽300mm，高650mm。

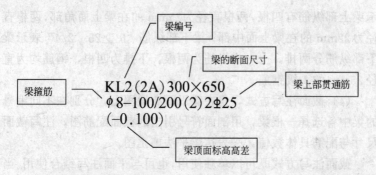

③ 梁箍筋：包括钢筋级别、直径、加密区与非加密区间距及肢数。加密区与非加密区的不同间距及肢数用"/"分隔。如图中集中注写的"φ8-100/200(2)"，表示箍筋为Ⅰ级钢筋直径为8mm，加密区间距为100，非加密区间距为200，均为两肢箍。

④ 梁上部贯通筋或架立筋根数：如图中集中注写的"2Φ25"梁上部配置有贯通筋，直径为25mm的Ⅱ级钢筋两根，若为架立筋则写入括号。

⑤ 梁顶面标高高差：从图中注写可知，该梁顶面低于所在楼层结构标高0.1m。

(3) 梁原位标注的内容，包括梁支座上部纵筋、梁下部纵筋、侧面纵向构造钢筋或侧面抗扭纵筋、附加箍筋或吊筋。当同排有两种直径的钢筋时，用"+"表示；当纵筋多于一排时，用"/"将各排纵筋自上而下分开。

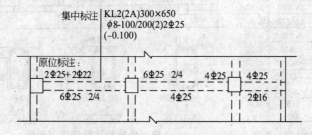

图 3-17 平面注写方式梁平法施工图示例

如图 3-17 的原位注写中，梁上部纵筋"2Φ25+2Φ22"表示梁上部纵筋有四根,两根直径为25mm的在梁上面角部,两根直径为22mm的在梁上面中部;梁下部纵筋"6 Φ 25 2/4"表示梁下部纵筋分两排,上一排纵筋为两根,下排为四根,钢筋均为直径25mm的Ⅱ级钢筋。

(4)截面注写方式,是在梁平面布置图上,分别在不同编号的梁中各选择一根梁,用剖面符号引出的截面配筋图,注写截面尺寸与配筋具体数值,来表达梁平法施工图。

截面注写方式既可以单独使用,也可与平面注写结合使用。当梁平面整体配筋图中局部区域的梁布置过密时或表达异形截面梁的尺寸、配筋时,用截面注写方式比较方便。图3-18是梁采用截面注写的示例,可以看出,梁布置过密时,采用截面注写较清楚。

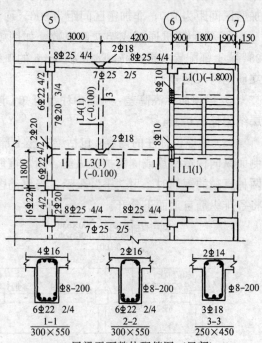

层号	标高(m)	层高(m)
屋面2	65.670	
塔层2	62.370	3.30
屋面1(塔层1)	59.070	3.30
16	55.470	3.60
15	51.870	3.60
14	48.270	3.60
13	44.670	3.60
12	41.070	3.60
11	37.470	3.60
10	33.870	3.60
9	30.270	3.60
8	23.070	3.60
7	23.070	3.60
6	19.470	3.60
5	15.870	3.60
4	12.270	3.60
3	8.670	3.60
2	4.470	4.20
1	−0.030	4.50
−1	−4.530	4.50
−2	−9.030	4.50

楼层结构标高、层高

5~8层梁平面整体配筋图(局部)

图3-18 截面注写方式梁平法施工图示例

54. 剪力墙平法施工图的图示规则有哪些？

剪力墙平法施工图，是指在剪力墙平面布置图上采用列表注写方式或截面注写方式表达的施工图。限于篇幅，本题只阐述列表注写方式剪力墙平法施工图的图示规则。

列表注写方式剪力墙平法施工图（图3-19），是将剪力墙视为由剪力墙柱、剪力墙身、剪力墙梁三类构件组成。分别在剪力墙柱表、剪力墙身表和剪力墙梁表中，对应于剪力墙平面布置图上的编号，用绘制截面配筋图和注写几何尺寸与配筋具体数值，来表达剪力墙平法施工图。其图示规则如下：

（1）编号：墙柱、墙身、墙梁的编号分别由类型代号和序号组成。墙身编号的表达形式为"Q××"，墙柱、墙梁的编号见表3-8。

墙柱、墙梁、墙身类型代号　　　　表3-8

墙柱类型	代号	墙梁类型	代号	墙身代号
暗柱	AZ	连梁	LL	Q
端柱	DZ	暗梁	AL	
小墙肢	XQZ	边框梁	BKL	

注：在具体工程中，当某些墙身需设置暗梁或边框梁时，宜在剪力墙平面整体配筋图中绘制暗梁或边框梁的平面布置简图并编号，以明确其具体位置。

（2）剪力墙柱表中表达的内容，有三项：

① 墙柱编号和该墙柱的截面配筋图；② 各段墙柱起止标高，自墙柱根部往上以变截面位置或截面未变但配筋改变处为界分段注写；③ 纵筋和箍筋。

（3）剪力墙身表中表达的内容，有三项：

① 墙身编号；② 各段墙身起止标高，自墙柱根部往上以变截面位置或截面未变但配筋改变处为界分段注写；③ 水平分布筋、竖向分布筋和拉筋。

（4）剪力墙梁表中表达的内容：

① 墙梁编号；② 墙梁所在楼层号；③ 墙梁顶面标高高差，即相对于墙梁所在楼层标高的高差值，高于者为正值，低于者为负值，无

高差时不注；④ 墙梁截面尺寸、上部纵筋、下部纵筋和箍筋。

层号	标高 (m)	层高 (m)
屋面	65.650	
塔2	62.350	3.30
塔1	59.050	3.30
16	55.450	3.60
15	51.850	3.60
14	48.250	3.60
13	44.650	3.60
12	41.050	3.60
11	37.450	3.60
10	33.850	3.60
9	30.250	3.60
8	26.250	3.60
7	23.050	3.60
6	19.450	3.60
5	15.850	3.60
4	12.250	3.60
3	8.650	3.60
2	4.450	4.20
1	−0.050	4.50
−1	−4.550	4.50

楼层结构标高及层高

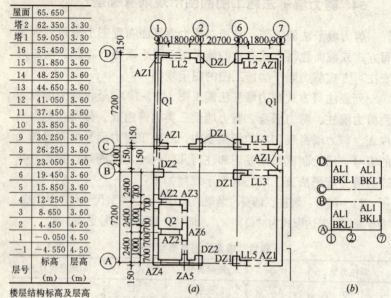

剪力墙身表　表a

编号	标高	墙厚	水平分布筋	垂直分布筋	拉筋
Q1	−0.050～30.250	300	Φ12−250	Φ10−250	Φ6−500
	30.250～59.050	250	Φ10−250	Φ10−250	Φ6−500
Q2	−0.050～30.250	250	Φ10−250	Φ10−250	Φ6−500
	30.250～59.050	200	Φ10−250	Φ10−250	Φ6−250

剪力墙梁表　表b

编号	所在楼层号	相对标高高差	梁截面 $b \times h$	上部纵筋	下部纵筋	箍筋
LL1	2−9	0.800	300×2000	4⊉22	4⊉22	Φ10−100（2）
	10−16	0.800	250×2000	4⊉20	4⊉20	Φ10−100（2）
	屋面1		250×1200	4⊉20	4⊉20	Φ10−100（2）
LL2	3	−1.200	300×2500	4⊉22	4⊉22	Φ10−100（2）
	4	−0.900	300×2070	4⊉20	4⊉20	Φ10−100（2）
	5−9	−0.900	300×1770	4⊉20	4⊉20	Φ10−100（2）
AL1	4−9		300×450	3⊉20	4⊉20	Φ8−150（2）
	10−16		250×450	3⊉18	3⊉18	Φ8−150（2）
BKL1	屋面1		300×750	3⊉22	4⊉22	Φ10−150（2）

剪力墙柱表　　　　　　表c

截面	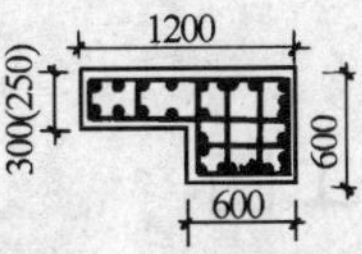 ![1200x600 L形截面 300(250)x600]	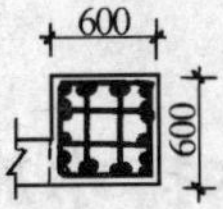 ![600x600 截面]	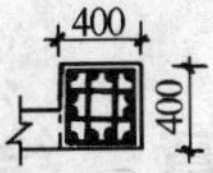 ![400x400 截面]	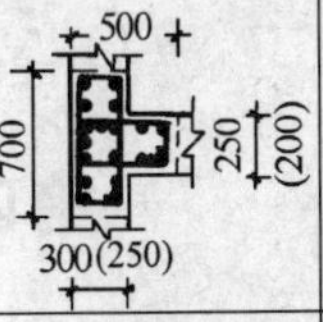 ![700x500 T形截面 300(250)]
编号	DZ1	DZ2		AZ2
标高	−0.050~30.250 (30.250~59.050)	−0.050~59.050	59.050~65.650	−0.050~30.250 (30.250~59.050)
纵筋	29Φ22 (29Φ20)	20Φ22	12Φ20	20Φ20 (20Φ18)
箍筋	φ10−100/200 (φ10−100/200)	φ10−100/200	φ8−100/200	φ10−200 (φ10−200)
截面	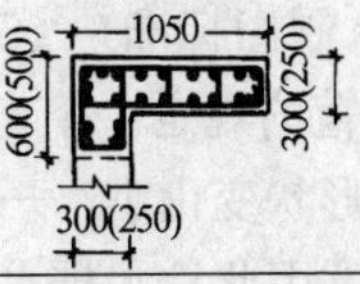 ![1050x600 L形 300(250)]	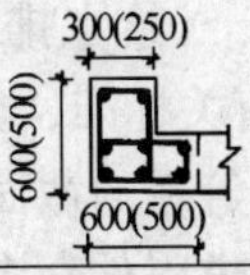 ![600x600 L形]	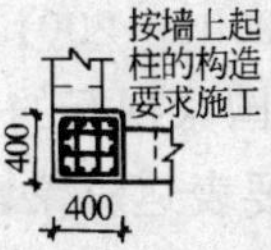 ![400x400 按墙上起柱的构造要求施工]	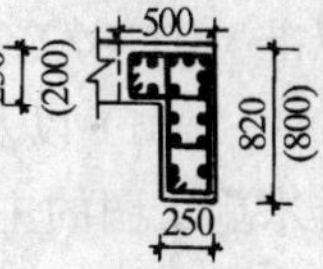 ![500x820 L形 250(200)]
编号	AZ1	AZ4		AZ3
标高	−0.050~30.250 (30.250~59.050)	−0.050~30.250 (30.250~59.050)	59.050~65.650	−0.050~30.250 (30.250~59.050)
纵筋	24Φ20 (24Φ18)	16Φ22 (16Φ20)	12Φ20	20Φ20 (20Φ18)
箍筋	φ10−200 (φ10−200)	φ10−200 (φ10−200)	φ8−100/200	φ10−200 (φ10−200)

图 3-19　列表注写方式剪力墙平法施工图示例

第四章 给水排水施工图

55. 给水排水施工图有哪些图示特点？

给水排水施工图与其他专业图样一样，要符合投影原理及视图、剖面和断面等基本画法的规定，还应遵守《房屋建筑制图统一标准》（GB/T 50001—2001）、《给水排水制图标准》（GB/T 50106—2001）以及国家现行的有关标准、规范的规定。管道是给水排水施工图的主要表达对象，管道的截面形状变化小，一般细长、分布范围广、纵横交叉、管道附件众多，因此给水排水施工图有它特殊的图示特点：

(1) 给水排水施工图中管道及附件、管道连接、阀门、卫生器具及水池、设备及仪表等，都采用统一的图例表示，布敷应用时应查阅和熟悉图例代表的含义。在本章附录中列举了给排水施工图常用图例。对于标准中尚未列入的内容，可自设图例，但在图纸上应专门画出自设的图例，并加以说明，以免引起误解。

(2) 图线特点：在给水排水施工图中，为了突出管道系统，用细实线绘制建筑平面图中的主要轮廓；用中粗线以图例形式绘制卫生设备和器具；用粗线绘制给排水管道，一般粗实线表示给水管道，粗虚线表示排水管道。其他常用图线见本章附录。

(3) 给水与排水工程中管道很多，通常分成给水系统和排水系统。它们都按一定方向通过干管、支管，最后与具体设备相连接。如室内给水系统的流程为：进户管（引入管）→水表→干管→支管→用水设备；室内排水系统的流程为：排水设备→支管→干管→户外排出管。常用J作为给水系统或给水管的代号，用P作为排水系统或排水管的代号。

(4) 由于给水排水管道在平面图上较难表明它们的空间走向，

所以在给水排水施工图中,一般都用轴测图直观地画出管道系统,称为系统轴测图,简称系统图。阅读图纸时,应将系统图和平面图对照识读。

(5)给水排水施工图中涉及管道设备的安装,需与土建工程密切配合,阅读时应注意查找对照相应的土建施工图(包括建筑施工图和结构施工图),尤其是留洞、预埋件、管道的位置等。

56. 给水排水施工图的种类有哪些?

给水排水施工图按其表达内容的不同大致可分为:
(1)室内给水排水施工图

表示一幢房屋的给水与排水系统,如民用建筑中厨房、卫生间或厕所的给水和排水系统。其主要图样包括给水排水平面图、给水排水系统图、设备安装详图和其他详图等。

(2)室外给水排水施工图

表示一个区域的给水排水系统,由室外给水排水平面图、管道纵断面图及附属设备(如泵站、检查井、闸门)等图样所组成。

(3)水处理设备构筑物工艺图

主要表示水厂、污水处理厂等各种水处理设备构筑物(如澄清池、过滤池、蓄水池等)的施工图。其主要图样包括平面布置图、流程图、工艺设计图和详图等。

本章主要讲述室内给水排水施工图的基本内容。

57. 室内给水系统由哪些内容组成?

室内给水系统一般由以下六项内容组成(图4-1):
(1)引入管:自室外给水管网将洁净水引入房屋内部的一段水平管。引入管应有不小于0.003的坡度斜向室外给水管网。引入管装有阀门,必要时还要装设泄水装置,以便于管网检修时泄水。

(2)水表节点:用以记录用水量。是指在引入管上安装的水表及其前后的阀门、泄水装置等,一般集中在一个水表井内。

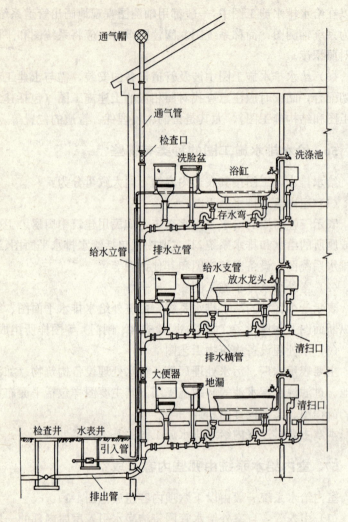

图 4-1 室内给水及排水系统的组成

(3) 室内配水管网：包括水平干管、立管、支管、配水支管等组成的管道系统。

(4) 给水配件和用水设备：管道上的各种配水龙头、阀门、卫生设备等。

(5) 升压及贮水设备：当水压不足、用水量大时，需要设置水泵、水箱、气压装置等设备，以满足建筑物的用水需要。

(6) 室内消防给水系统：根据建筑物的防火等级，有的需要设置独立的给水系统，配备消火栓、自动喷淋设施等。

58．室内排水系统由哪些内容组成？

室内排水系统一般由以下六项内容组成（图 4-1）：

(1) 卫生设备：用于接纳、收集污水的设备，是排水系统的起点。污水由卫生设备出水口经存水弯流入排水管网。

(2) 排水横管：接纳用水设备排出的污水，并将其排入污水立管的水平管段。

(3) 排水立管：接纳各种排水横管排来的污水，并将其排入排水管。

(4) 排出管：是室内排水立管与室外第一个污水检查井之间相连的一段水平管段，向检查井方向应有1‰～2‰的坡度。

(5) 通气管：是排水立管上端通到屋面上面的一段立管，主要是为了排除排水管道中的有害气体和防止管道内产生负压，通气管高出屋面不得小于0.3m，且必须大于最大积雪厚度。通气管顶端应装设风帽或网罩。

(6) 清扫口和检查口：为了检查、疏通排水管道而在立管上设置检查口，在横管端头设置清扫口。

59．室内给水排水施工图由哪些图样组成？

一套完整的室内给水排水施工图有下列图样：

(1) 目录：对各张图样进行编号并注明各名称。

(2) 说明：设计依据、施工质量要求。

(3) 设备材料用表：表明主要材料和设备。

(4) 平面图：表明给排水管道及设备的平面布置，可分别绘制给水平面图和排水平面图；对于较简单的给排水系统，也可将给水平面图和排水平面图合并绘制在一个平面图上。

(5) 系统图：表明给排水管网空间位置关系。应分别绘制给水系统图和排水系统图。

(6) 详图：管道细部安装、设备和其他阀门组合件的安装。

60. 给水排水施工图是如何表示管道、管径、编号及管道标高等内容的？

(1) 管道的图示方法

在前面的问题中我们已经知道，管道是给水排水施工图的主要图示内容。用粗线表示，通常以粗实线或粗虚线表示给水排水平面图上水平管道（引入或排出管、水平横管），以及系统图上的所有管道；以小圆圈表示给水排水平面图上的立管，见图4-2。

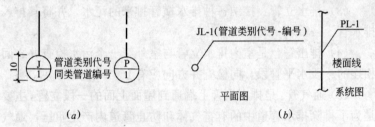

图 4-2 管道的图示方法
(a) 引入管、排出管编号及画法；(b) 立管编号及画法

(2) 管道的编号

为了区分各种管道，给水排水施工图中应在管道的旁边标注编号。管道编号是由管道类别代号和数量编号所组成，管道类别代号以汉语拼音字母表示（见附录），管道数量编号是指当同类别管道数量超过1根时，用阿拉伯数字对其进行编号。

① 给水引入（排水排出）管编号表示方法：给水用"J"表示，排水用"P"表示，见图4-2 (a)。

② 立管编号表示方法是"管道类别代号—编号"，如"JL-1"表示1号给水立管，"PL-1"表示1号排水立管，见图4-2 (b)。

(3) 管径的表达方法

由于给水排水施工图中管道是用线条表示的,无法表示出管道的管径。因此,通常用文字对管径进行标注。管径是以mm为单位,管径的标注方式因管材的不同而不同,应符合以下规定:

① 水煤气输送钢管(镀锌或非镀锌)、铸铁管等管材,管径宜以公称直径DN表示(如DN15、DN50);

② 无缝钢管、焊接钢管、铜管、不锈钢管等管材,管径宜以外径×壁厚表示(如$D108×4$)。

③ 钢筋混凝土(或混凝土)管、陶土管、耐酸陶瓷管、缸瓦管等管材,管径宜以内径d表示(如$d230$、$d380$等);

④ 塑料管材,管径宜按产品标准的方法表示;

⑤ 当设计均用公称直径DN表示管径时,应有公称直径DN与相应产品规格对照表。

管径的标注方法应符合图4-3所示的规定。

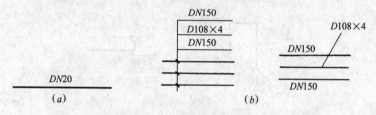

图4-3 管径标注方法
(a)单管管径表示法;(b)多管管径表示法

(4)管道的标高标注

给水排水施工图的标高标注,主要是针对各种管道、沟渠高度。其主要有以下几点规定:

① 室内给水排水施工图应标注相对标高;室外给水排水工程图样标注绝对标高;

② 压力管(如生活给水管、热水给水管、热水回水管等)应标注管中心标高;明沟、暗沟及渠道和重力流管道宜标注沟(管)内底标高;

③ 在下列部位应标注标高:沟渠和重力流管道起讫点、转角

点、连接点、变坡点、变尺寸（管径）点及交叉点；压力流管道中的标高控制点；管道穿外墙、剪力墙和构筑物的壁及底板等处；不同水位线处；构筑物和土建部分的相关标高。

④ 标高的标注方法应符合图4-4所示的规定：

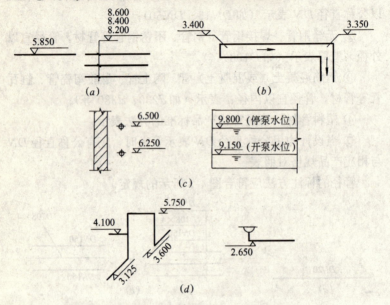

图4-4 管道标高的标注方法
(a) 平面图中管道标高的标注；(b) 平面图中沟渠标高标注；
(c) 剖面图中管道及水位标高的标注；(d) 轴测图中管道标高的标注

61. 怎样阅读室内给水排水平面图？

阅读室内给排水平面图重点应识读：给水引入管和排水排出管的数量、位置；底层及楼层中，每一层需要用水和排水的房间名称、位置、数量、楼（地）面标高以及房间内设备的平面布置情况。本题只对给水系统进行分析，排水系统的阅读方法与之类似，读者可根据要点，自行分析。

图4-5为某盥洗室各层给水平面图。根据上述读图要点，分析

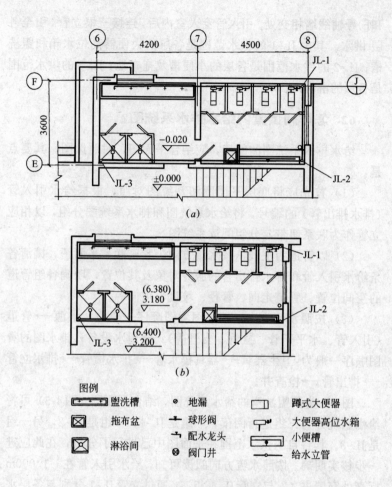

图 4-5 给水平面图示例
(a) 底层给水管网平面布置图；(b) 二、三层给水管网平面布置图

可知：本例需要用水的房间是盥洗室，房间位于⑥、⑧轴与Ⓔ、Ⓕ轴之间，底层房间地面标高为-0.020m；房间内的布置情况是：盥洗间分前室和内室，前室沿两侧墙设有盥洗槽和淋浴间，内室沿两侧墙分别设有四个蹲位、小便池及拖布池。其他各层布置情况与此相同。由图可知，给水引入管数量为一根，位于①号轴线墙

和Ⓔ号轴线墙相交处。引入管穿入室内后，连接三根立管，引至各层供水。其中JL-1的供水范围是各层的大便器高位水箱和盥洗槽；JL-2的供水范围是各层的小便槽及拖布池；JL-3的供水范围是各层的淋浴间。

62. 怎样阅读室内给水排水系统图？

给水排水系统图的阅读，应结合平面图，对照读图。其要点是：

(1) 首先应将底层平面图和系统图对照，根据给水引入管（排水排出管）的编号，将给水系统图和排水系统图分组，以相应立管作为联系纽带，分组阅读系统图。

(2) 以管道为主线，按水流方向，紧密联系平面图，搞清各条给水引入管和排水排出管的服务对象及其位置，明确各组管道的空间位置、管道走向、管径、坡度、坡向等。

(3) 按照水流方向，给水图看图顺序一般为：水源⟶管道（引入管、水平干管、立管、支管等）⟶用水设备；排水图的看图顺序一般为：卫生器具⟶器具排水管⟶排水横管⟶排水立管⟶排出管⟶检查井。

图4-6为某盥洗室的给水系统图，结合平面图（图4-5）可将给水系统分为三组进行阅读，一组是JL-1，一组是JL-2，另一组是JL-3。其各自的供水范围在平面图中已进行了分析，在此应进一步核实明确。按照水流方向阅读可知，给水引入管在-1.000m标高处穿墙进入，与立管JL-1相连，通过立管JL-1分别与各层水平支管连接。如在一层2.400m处接$DN32$的水平支管，由水平支管分四根支管接大便器的高位水箱，然后水平支管延伸至前室，端部下弯（管径变为$DN20$）至标高1.200m处，接盥洗槽水龙头。JL-1的管径逐层递减，分别为$DN50$、$DN40$、$DN32$。另外两组JL-2和JL-3的阅读方法同上，不再重述。

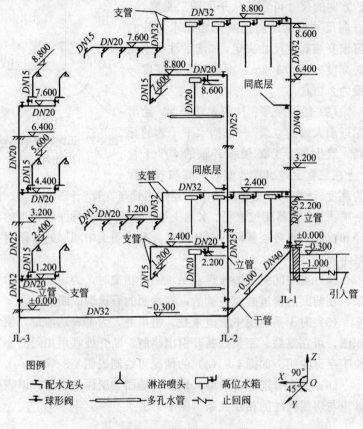

图 4-6 给水系统图示例

63. 如何绘制给水排水系统图？

(1) 轴向选择：习惯上采用正面斜等测图（图 4-7）绘制给水排水系统图。通常将房屋的高度方向作为 Z 轴；X 和 Y 轴的选择则以能使图上管道简单明了、避免管道过多交错为原则，一般选择给水排水平面图的长向与 X 轴一致，给水排水平面图的宽向与 Y 轴一致。

(2) 绘图比例及尺寸：绘图比例与给水排水平面图相同，X 和

Y 方向的尺寸可直接从平面图上量取，Z 方向尺寸根据房屋的层高和配水龙头的习惯安装高度尺寸决定，如洗手池的水龙头高度一般为 1.2m，淋浴喷头的高度一般为 2.2m。

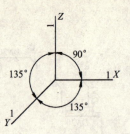

图 4-7　正面斜等测图轴向方向

（3）绘图顺序：从引入管开始，绘出靠近引入管的立管→根据水平干管的标高，绘出平行于 X 轴和 Y 轴的水平干管→在立管上定出楼地面的标高和各支管的高度→根据各支管的轴向，连接立管与支管→画上水表、淋浴喷头、大便器高位水箱、水龙头等图例符号→标注各管道的直径和标高。当各层管网布置相同时，系统图上中间层的管路可省略不画。

（4）当空间交叉的管道在系统图中相交时，为识别其前后关系，在前面的管道画成连续的，在后面的管道画成断开的。

（5）对于系统图中管道重叠、密集处，为了表达清楚，便于识图，可在重叠、密集处断开引出绘制。断开处宜用相同的小写拉丁字母注明。如图 4-8（a）的情况可绘制成图 4-8（b）。

（6）绘出管道穿过的墙、地面、楼面、屋面的位置，以表明管道与房屋构件的相互关系（图 4-9）。

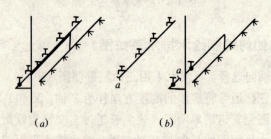

图 4-8　系统图中重叠、密集处的引出画法
（a）管道重叠、密集处；（b）断开引出绘制

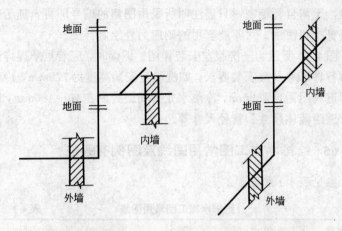

图 4-9 管道与穿过的墙、楼地面等位置关系的表示方法

64. 设备及管道节点的具体安装应查看什么图?

由于给排水平面图和系统图的比例较小,无法详尽地表达设备及管道节点的式样和种类,因此在平面图和系统图中,通常不考虑其具体形式,常常用图例来表示。而其具体安装往往应借助于给排水详图,即给排水设备的安装图。一般情况下,设备及管道节点的安装图,可直接套用给排水国家标准图集或有关的详图

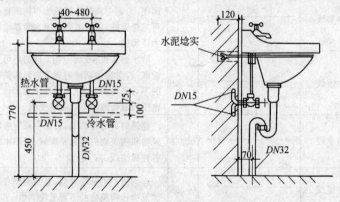

图 4-10 洗脸盆安装详图

图集，无需自行绘制，只需注明所采用图集的编号即可。施工时直接查找和使用。对不能套用的则应另外绘制详图。

图4-10所示为一洗脸盆安装详图。识读时，应着重掌握详图上的各种尺寸及其安装要求，如洗脸盆安装高度为770mm，冷热水管道阀门距地450mm，冷热水龙头间距控制在40～480mm，以及管道距墙体尺寸、管径尺寸等。

65. 给排水施工图常用图线及图例有哪些？

参见表4-1和表4-2。

表4-1 给排水施工图常用图线

名称	线型	线宽	一般用途
粗实线	———	b	新设计的各种排水和其他重力流管线
粗实线	— — —	b	新设计的各种排水和其他重力流管线的不可见轮廓线
中粗实线	———	$0.75b$	新设计的各种给水和其他压力流管线；原有的各种排水和其他重力流管线
中粗虚线	— — —	$0.75b$	新设计的各种给水和其他压力流管线及原有的各种排水和其他重力流管线的不可见轮廓线
中实线	———	$0.50b$	给水排水设备、零（附）件的可见轮廓线；总图中新建的建筑物和构筑物的可见轮廓线；原有的各种给水和其他压力流管线
中虚线	— — —	$0.50b$	给水排水设备、零（附）件的不可见轮廓线；总图中新建的建筑物和构筑物的不可见轮廓线；原有的各种给水和其他压力流管线的不可见轮廓线
细实线	———	$0.25b$	建筑的可见轮廓线；总图中原有的建筑物和构筑物的可见轮廓线；制图中各种标注线
细虚线	— — —	$0.25b$	建筑的不可见轮廓线；总图中原有的建筑物和构筑物的不可见轮廓线

续表

名称	线型	线宽	一般用途
单点长画线	 —·—·—·—	0.25b	中心线、定位轴线
折断线	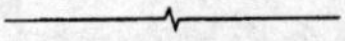 —–/—–	0.25b	断开界线
波浪线	 ~~~~~	0.25b	平面图中水面线；局部构造层次范围线；保温范围示意线等

给排水施工图常用图例　　　　　表 4-2

图例	名称及说明	图例	名称及说明
—— J —— —— SW —— —— RJ —— —— RH —— —— RM —— —— RMH —— —— Y —— —— KN —— —— XH ——	管道类别用汉语拼音字母表示： J—生活给水管 SW—生活污水管 RJ—热水给水管 RH—热水回水管 RM—热媒给水管 RMH—热媒回水管 Y—雨水管 KN—空调凝结水管 XH—消火栓给水管		喇叭口
		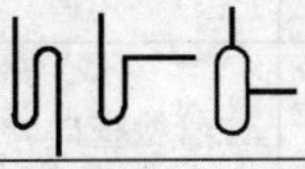	存水弯
			正三通
		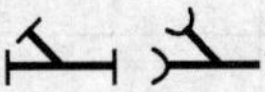	斜三通
			闸阀
			球阀
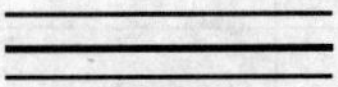 ≡≡≡	地沟管	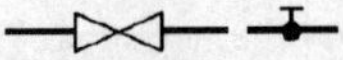 DN>50　DN<50	截止阀
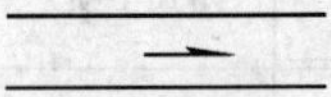 —→—	排水明沟		减压阀
 --→--	排水暗沟	 平面　系统	自动排气阀
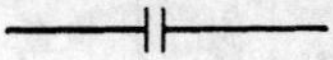 —‖—	法兰连接	 Ⓜ	电磁阀
 —‖—	活接头		蝶阀

续表

图　例	名称及说明	图　例	名称及说明
	三通连接		延时自闭冲洗阀
	四通连接		疏水器
	管道丁字上接		化验龙头
	管道丁字下接		脚踏开关
	管道交叉	平面　系统	室内消火栓（单口）
	立管检查口	平面　系统	室内消火栓（双口）
	清扫口		室外消火栓
	圆形地漏	——SM——	水幕灭火给水管
	方形地漏	平面　系统	自动喷洒头（开式下喷）
	自动冲洗水箱	平面　系统	自动喷洒头（闭式下喷）
	干式报警阀	JC	降温池
	湿式报警阀		阀门井、检查井
	手提式灭火器		水表井

续表

图例	名称及说明	图例	名称及说明
	推车式灭火器	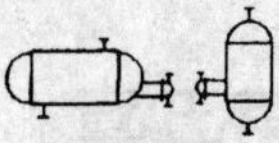	热交换器
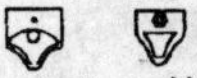 立式　挂式	小便器	 平面　系统	水泵
	污水池		潜水泵
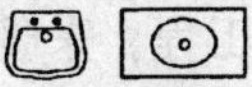 立式　台式	洗脸盆		压力表
	化验盆、洗涤盆		自动记录流量表
 HC	矩形化粪池		自动记录压力表
 YC	隔油池	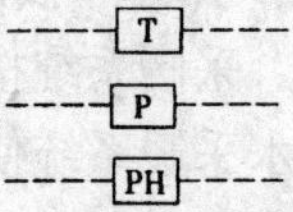 T P PH	传感器 T—温度传感器 P—压力传感器 PH—PH值传感器

第五章 采暖通风施工图

66. 什么是采暖工程？其基本组成是什么？

在冬季，室外温度低于室内温度，房间内的热量不断地传向室外。为了保证房间内所需要的温度，需向室内供给相应的热量。这种向室内供给热量而设置的工程设施，称为采暖工程。采暖工程由三部分组成：

产热部分——即热源，如锅炉房、热电站等；

输热部分——由热源到用户输送热能的热力管网；

散热部分——各种类型的散热器。

如图5-1所示，采暖系统是把热媒从热源输送到散热器，在散热器内放热后，重新回热源内加热，再输送至散热器放热，而成的一个闭合循环系统。"热媒"是用于采暖的工作介质，一般有热水和蒸汽两种。采暖系统按热媒的不同，可分为热水采暖和蒸汽采暖，目前热水采暖系统使用较为广泛。

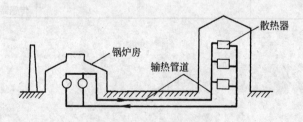

图5-1 采暖系统组成示意

67. 采暖施工图由哪些图样组成？

采暖工程分室内和室外两部分。室外部分表示一个区域的供暖管网，有总平面图、管道横剖面图、管道纵剖面图和详图。室内部分主要表示一栋建筑物内的供暖系统，有平面图、系统图、详图等组成。这两部分图纸都有设计及施工说明、设备材料表。其主要图样的具体内容如下：

(1) 总平面图

主要表示热源位置、区域管道走向布置、暖汽沟的位置走向以及供暖建筑物的位置等情况。

(2) 管道纵、横剖面图

主要表示管道在暖汽沟内的具体位置、管道的纵向坡度、管径、保温情况、吊架装置等。

(3) 平面图

表示建筑物内供暖管道及设备的平面布置情况。主要有散热器的位置、数量，干管、立管、支管的平面位置和走向，阀门、固定支架及供热管道入口的位置，并注明管径和立管编号。

(4) 系统图

主要表明从采暖入口到出口的室内采暖管网系统、散热设备及主要附件的空间位置和相互关系。图中注有各管径尺寸、立管编号、管道标高和坡度，并表明各种器材在管道系统中的位置。

(5) 详图

主要是供暖设备及其零部件的具体安装的详细图样。

68. 采暖施工图中管道的表示方法有哪些？

(1) 管道代号

采暖立管代号为"L"，采暖引入管代号为"R"，编号用阿拉伯数字表示，编号圆直径宜为 5～10mm，如图 5-2 所示。

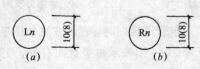

图 5-2 管道代号的标注方法

(a) 采暖立管编号；(b) 采暖入口编号

(2) 管道的画法

采暖施工图中，管道通常用单线表示，线型为粗线。一般供热干管用粗实线，回水干管用粗虚线；管道的横剖面图用细线小圆表示。特别应注意以下几种情况：

当管道交叉时，位于下面或后面的管道应断开表示。如图5-3所示，水平的管道在后，竖直的管道在前；

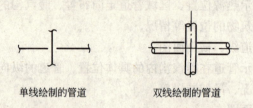

图5-3 管道交叉时的图示方法

当管道分支时，应注意分支支管的方向图示方法。图5-4所示，(a)图支管向后延伸；(b)图支管向上延伸；(c)图支管向前延伸。

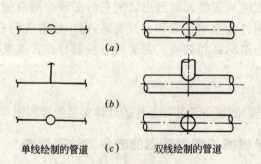

图5-4 管道分支时的图示方法

当管道转向时，表示方法如图5-5所示。(a)图表示由水平向下弯；(b)图表示由竖直向右弯；(c)图表示由水平先向下弯，再向后弯。

(3) 管道与散热器连接的图示方法（见表5-1）

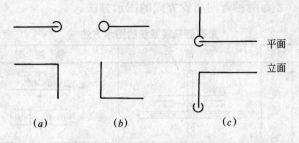

（a）　　　　（b）　　　　（c）

图 5-5　管道转向时的图示方法

管道与散热器连接的图示方法　　　　表 5-1

说明 图别	本层支管接立管向下拐	立管自上层来接支管	立管自上层来接支管	立管自上层来，又引往下层	立管自本层引向下层	立面图上的圆弧是干管，平面图上的圆弧是立管	立管和支管不相交（错开）
立面图							
平面图							
系统图（轴测图）							

69. 常见的采暖系统管网布置方式有哪些？

采暖系统按散热器、供水、回水、立管、支管连接方式的不同，可分为双管采暖系统和单管采暖系统。

双管采暖系统是指采暖系统中所有的散热器都并联于供水与回水管道之间，供水直接分配给每组散热器，每组散热器的回水都经回水管回到锅炉房。系统中各组散热器的供水和回水温度都是相同的；

单管采暖系统是将数组散热器串联起来，使供水顺序流过各组散热器，前一组散热器的回水即为后一组散热器的供水，水温也依次降低。

表 5-2 为两种管网布置方式的图示方法。

单双管采暖系统的图示方法　　　　表 5-2

系统形式	楼层	平 面 图	轴 测 图
单管垂直式	顶层	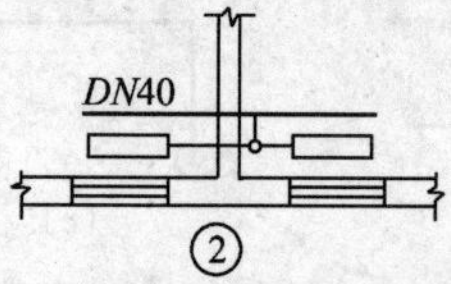 DN40 ②	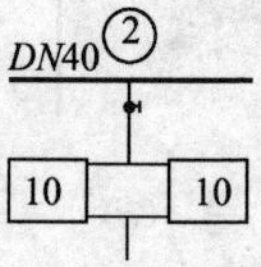 DN40 ② 10 10
单管垂直式	中间层	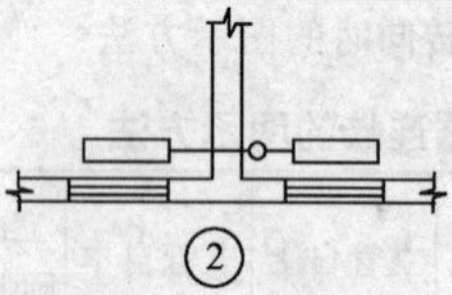 ②	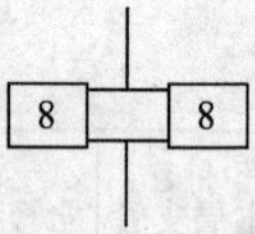 8 8
单管垂直式	底层	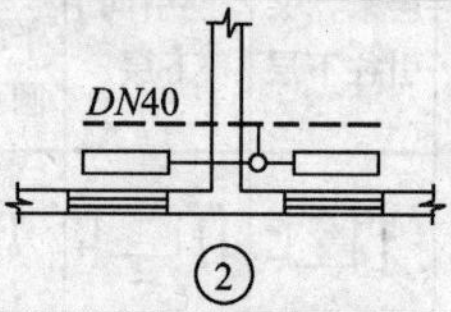 DN40 ②	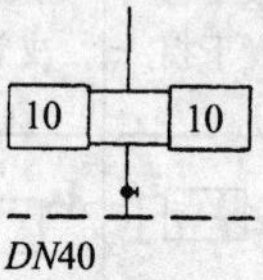 10 10 DN40
双管上分式	顶层	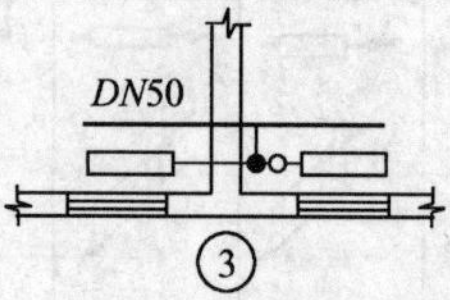 DN50 ③	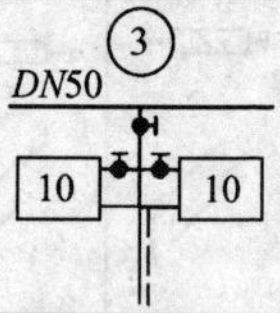 DN50 ③ 10 10
双管上分式	中间层	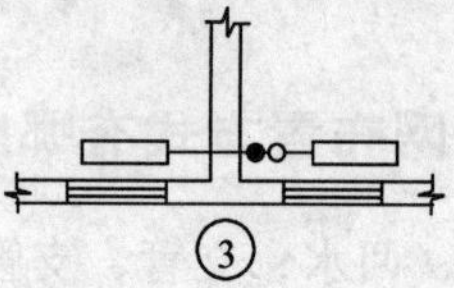 ③	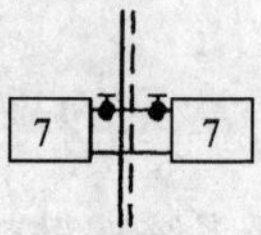 7 7
双管上分式	底层	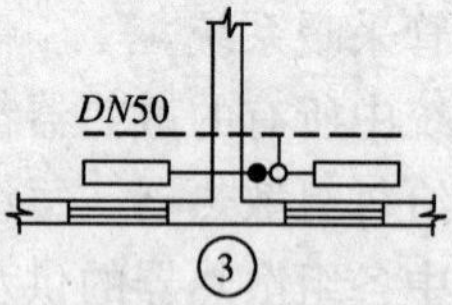 DN50 ③	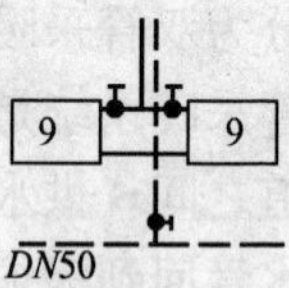 9 9 DN50
双管下分式	顶层	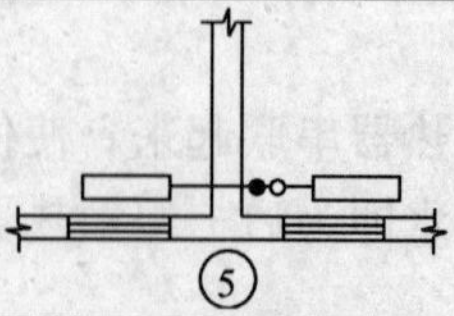 ⑤	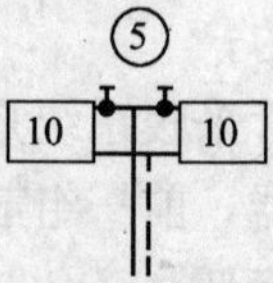 ⑤ 10 10

续表

系统形式	楼层	平面图	轴测图
双管下分式	中间层	⑤	7　7
双管下分式	底层	DN40　DN40　⑤	9　9　DN40　DN40

70. 怎样阅读采暖平面图？

阅读采暖平面图，应参照《暖通空调制图标准》(GB/T 50114—2001) 的有关表示方法的规定。采暖平面图一般采用1∶100、1∶50的比例绘制，通常采暖平面图只绘制底层、标准层及顶层。当各层的建筑结构和管道布置不相同时，应分层绘制。在该图中，房屋平面图不是用于土建施工，而仅作为管道系统及设备的水平布局和定位的基准，因此仅需用细实线绘制建筑平面图的墙身、柱、门窗洞、楼梯等主要构配件的主要轮廓，散热器、阀门等附件以图例（见附录）形式用中实线绘制；为了突出管道系统，用粗实线绘制采暖干管，用粗虚线绘制回水干管。

阅读采暖平面图应抓住以下几点：

(1) 查清采暖出入口的情况；

(2) 了解采暖系统的管网布置方式（需将系统图和各层平面图结合对照）；

(3) 根据立管编号查清立管的数量和位置；

(4) 明确散热器的平面位置、规格、数量和安装方式（明装或暗装）。

图 5-6 (a) 为某住宅底层采暖平面图的局部。由图可知，采

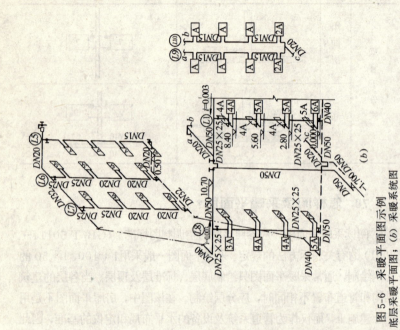

图 5-6 采暖平面图示例
(a) 底层采暖平面图；(b) 采暖系统图

暖引入管和回水总管的位置均在⑤轴外墙左侧进入室内；结合系统图分析其管网布置方式，可知该采暖系统为单管垂直式（69题有详细阐述）。引入管穿墙进入后，接总立管升至顶层与供热干管连接，然后供热干管分别与各分支立管相连，分支立管有$L5$、$L6$、$L7$、$L8$、$L9$、$L10$。最后回水干管在底层分别接收各立管和散热器的回水，并沿0.003的坡度汇入回水总管。从图中还可知，散热器大多布置在各房间的窗下，均为明装，图中标注"$5A$或$6A$"表示散热器的片数。

71．怎样阅读采暖系统图？

阅读采暖系统图，应参照《暖通空调制图标准》(GB/T 50114—2001)的有关表示方法的规定。

采暖系统图是根据各层采暖平面图中管道及设备的平面位置和竖向标高，用正面斜轴测或正等测投影图以单线绘制而成的图样。一般采用与相对应的平面图相同的比例。系统图中供热干管用粗实线绘制；回水干管用粗虚线绘制；散热设备、管道阀门等以图例形式用中粗线绘制。管道或设备附近应标注管道直径、标高、坡度、散热器片数及立管编号；标注各楼层地面标高及有关附件的高度尺寸。图5-6(b)为某采暖系统图，阅读时应抓住以下几点：

（1）确认采暖管道系统的布置形式；

（2）详细了解各管段的管径、坡度、坡向及标高；

（3）弄清干管与立管、立管与支管、支管与散热器之间的连接方式；

（4）了解散热器的规格和数量；

（5）查明各附件与设备在系统中的位置。与平面图和材料表对照，查明其规格及尺寸。

（6）当采暖系统图中局部被遮挡、管线重叠时，可采用断开画法，断开处宜用小写拉丁字母连接表示，也可用双点画线连接示意。如图5-6(b)中卫生间两立管$L9$、$L10$与$L1$投影重叠，所以采用移出画法，并用连接符号a、b、c示意连接关系；立管$L5$、

$L6$、$L7$ 则采用双点画线将两断开处连接示意。

72. 什么是通风工程？它与采暖工程、空调有何区别？

在实际生活、生产中，人所处的空气环境对人和物都有很大的影响。如温度、湿度、清洁度等。为了创造具有一定的空气温度和湿度，保持清新的空气环境，可采取自然的或人工的方法来调节空气。房屋建筑上的窗户，就是起调节空气的作用。这是一种自然的调节空气方法。而当建筑物本身的功能已不能够解决这个问题时，就要在建筑物内增加设备的措施来调节空气，这些设备就是采暖、通风、空调等。

通风工程是把空气作为介质，使之在室内的空气环境中流通，一方面排走室内被污染的空气，另一方面把室外新鲜空气送至室内，使室内空气环境达到一定的要求，这种工程设施称为通风工程。

采暖、通风、空调的共同之处是它们都是把空气作为介质，供热采暖是对室内空气进行加热，用来维持空气环境的温度的一种措施；通风是使空气在室内的环境中流通，用来消除室内环境中不良空气环境的一种措施；空调是在前两者的基础上发展起来的，是使室内空气的温度、湿度、清洁度和气流速度等参数达到预定要求的一种措施。空调比通风更复杂些，它要把送入室内的空气净化、加热或冷却、干燥或加湿等。

由于通风、空调都是将室外的空气送入室内，因此往往把通风和空调笼统称为通风工程，而将采暖工程和通风工程称为暖通工程。

73. 通风施工图的图纸组成有哪些？

通风施工图由施工说明、通风空调平面图、剖面图、系统图、详图、原理图及主要设备材料表等组成。其主要图样的表达内容是：

通风空调平面图——表达通风管道、设备的平面布置情况；

剖面图——表示通风管道及设备在高度方向的布置情况；

系统图——主要表明通风系统各种设备、管道系统及主要配件的空间位置关系；

详图——包括设备的安装详图（如空调器、过滤器、除尘器、通风机等）；设备部件的加工制作详图（如阀门、检查孔、测定孔、消声器等）；设备保温详图（如风管等）。目前各种详图大多采用标准图。

74. 通风空调施工图的识读要点有哪些？

（1）注意图线表达

通风空调施工图在内容表达上，重点突出的是风管及设备。因此，风管在平、剖面图中用双线表示，系统图中用单线绘制，且用粗线表示；主要设备（如空调器、通风机）用中实线画出轮廓即可；其余图示内容均用细线表示。

（2）熟悉和了解有关图例

《暖通空调制图标准》（GB/T 50114—2001）规定了阀门、部件、进出风口等附件的图例表达。

（3）读图顺序：按平面图→剖面图→系统图→详图的顺序依次识读，应注意各图样要相互对照阅读。

（4）识读各图样时均应按空气流向顺次看图，逐步搞清系统的全部流程和系统之间的关系，同时按照图中设备及部件编号与材料明细表对照阅读。

以空调系统为例，其空气流向为：新风口→新风管道→空气处理设备→送风机→送风干管→送风支管→送风口→空调房间→回风口→回风机→回风管道（也称排风管、排风口）→一、二次回风管→空气处理设备。读图时，结合各图纸对照分析，找出空调器、通风机、送排风口等设备在平面、空间上的位置尺寸，弄清通风管道、管件、阀门在平面、空间的位置尺寸。

（5）需了解相关的土建图纸和设备图纸，尤其要注意与设备安装和管道敷设等有关技术要求，如预留孔洞、管沟、预埋件等。

75. 如何阅读通风空调施工图？

图 5-7 为某车间空调系统的平面图、剖面图和轴测图。

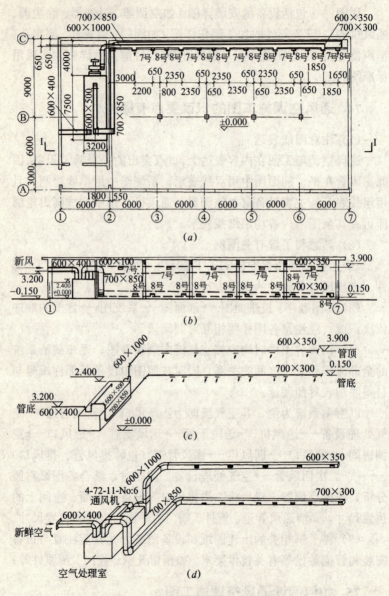

图 5-7 通风空调系统施工图示例
(a) 平面图；(b) 剖面图；(c) 系统图；(d) 双线系统图

在平面图上表明了风管、风口、机械设备等在平面中的位置和尺寸。由图可知，沿C轴墙布置了两根水平通风管道，从风口处的空气流动方向"↑、↓"可知，一根为送风管，一根为回风管。新风进风口从①轴墙穿入，经空调箱和风机与送风管相连；回风管在②轴处经转折后进入空调箱体。图中还表明了风机与空调箱的平面位置；风管断面尺寸，如新风进风管的断面尺寸为600×400；送风管的断面尺寸是变化的，从空调处理箱接出时，为600×1000，末端逐步减小到600×350；回风管断面尺寸也是变化的，从始端的700×300逐步增加到700×850；各风口的位置，如"7号"为送风口，共5个；"8号"为回风口，共9个。其位置是通过它们与轴线之间的定位尺寸来确定的。至于风管、设备等在垂直方向的布置和标高，应查看剖面图。

由剖面图可知，新风进风口从①轴墙上穿入高度为3.2m。特别应注意在剖面图上，送风管和回风管都是用虚线表示的，在这里并不是用实线和虚线区分送回风管，而是表示管道不可见，结合平面图可知它们是暗装在隔断墙内，而送风口和回风口露出墙面的。送风管在上，送风口沿送风管上皮布置，回风管在下，回风口沿回风管的下皮布置。图中分别注明了风管的上皮或下皮的标高。对照平面图可以看出，送回风管断面的宽度尺寸不变，高度尺寸逐渐减小。

系统图表明了管道的空间曲折变化。在平面图中反映不出管道的上下位置关系，而剖面图中又无法反映管道的前后关系。所以读图时应结合系统图，以便全面了解整个系统。从系统图中可以看出，新风管从上方将室外空气送入空调处理箱，依要求的温度、湿度和洁净度进行处理，经处理的空气从箱体后部由通风机送入送风管，送风管经转折进入车间，在顶棚上沿墙敷设，其上均匀分布着五个送风口。回风管在下部沿墙敷设，其上均匀分布着九个回风口。由回风口将室内污浊的空气吸入至回风管，回风管经转折后进入空调机房，然后回风分两部分循环使用：一部分与室外新风混合在空调处理箱内进行处理；另一部分通过连通管与处理箱后部喷水后的空气混合，然后再送入送风管。

图 5-7（d）为双线的系统图，虽较为形象化，但绘制较繁琐、费时，一般均画为单线图。

76. 采暖通风施工图常用图线及图例有哪些？

参见表 5-3 和表 5-4。

采暖通风施工图常用图例　　　　　表 5-3

名　称		线型	线宽	一般用途
实线	粗	——	b	单线表示的管道
	中粗	——	$0.5b$	本专业设备轮廓、双线表示的管道轮廓
	细	——	$0.25b$	建筑物轮廓；尺寸、标高、角度等标注线及引出线；非本专业设备轮廓回水管线
虚线	粗	----	b	回水管线
	中粗	----	$0.5b$	本专业设备及管道被遮挡的轮廓
	细	----	$0.25b$	地下管沟、改造前风管的轮廓线；示意性连线
波浪线	中粗	∿∿	$0.5b$	单线表示的软管
	细	∿∿	$0.25b$	断开界线
单点长画线		—·—	$0.25b$	轴线、中心线
双点长画线		—··—	$0.25b$	假想或工艺设备轮廓线
折断线		—⌇—	$0.25b$	断开界线

采暖通风施工图常用图例　　　　　表 5-4

序号	名　称	图例	附注
1	阀门（通用）、截止阀	⋈	1. 没有说明时，表示螺纹连接，法兰连接时 ⊣⋈⊢ 焊接时 ⋈
2	闸阀	⋈	2. 轴测图画法 阀杆为垂直 阀杆为水平
3	手动调节阀	⋈	

续表

序号	名称	图例	附注
4	球阀、转心阀		
5	蝶阀	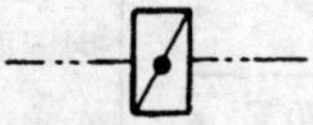	
6	平衡阀		
7	节流阀		
8	止回阀	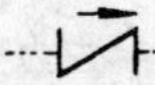 	左图为通用,右图为升降式止回阀,流向同左。其余同阀门类推
9	减压阀	 	左图小三角为高压端,右图右侧为高压端。其余同阀门类推
10	自动排气阀		
11	补偿器		也称"伸缩器"
12	丝堵		也可表示为: 
13	金属软管		也可表示为: 
14	绝热管		
15	天圆地方	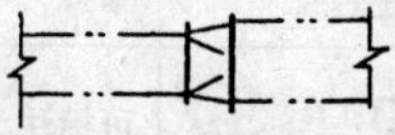	左接矩形风管,右接圆形风管
16	蝶阀	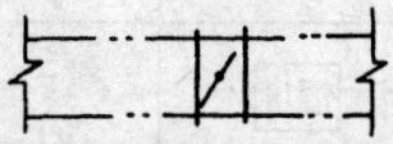	

105

续表

序号	名 称	图 例	附 注
17	风管止回阀	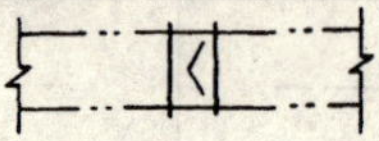	
18	防火阀	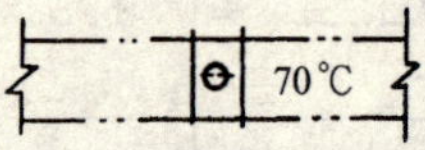 70℃	表示70℃动作的常开阀。若因图面小,可表示为:70℃常开 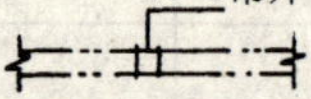
19	散流器	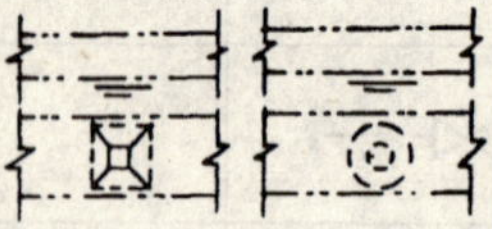	左为矩形散流器,右为圆形散流器。散流器为可见时,虚线改为实线
20	散热器及手动放气阀	 15　15　15	左为平面图画法,中为剖面图画法,右为系统图,Y轴测图画法
21	轴流风机	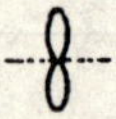 或 	
22	离心风机		左为左式风机,右为右式风机
23	空气加热、冷却器		左、中分别为单加热、单冷却,右为双功能换热装置
24	电加热器	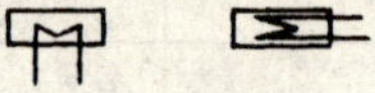	
25	窗式空调器		
26	分体空调器		
27	风机盘管	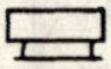	可标注型号:如 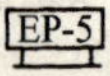 EP-5
28	温度传感器	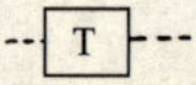 T 或 温度 	

续表

序号	名 称	图 例	附 注
29	湿度传感器	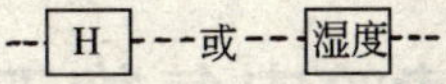 --[H]--- 或 ---[湿度]---	
30	压力传感器	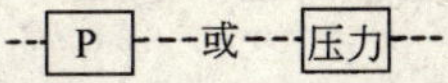 --[P]--- 或 ---[压力]---	
31	压差传感器	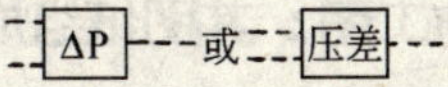 --[ΔP]--- 或 ---[压差]---	
32	电磁（双拉）执行机构	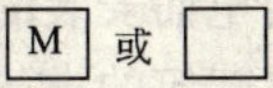 [M] 或 [ ]	如电磁阀 
33	压力表	 ⌀ 或 ⌀	
34	流量计	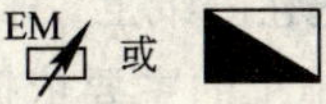 EM 或 ◨	
35	水流开关	 [F]	

107

第六章　建筑电气施工图

77. 什么是建筑电气施工图？其图纸组成包含哪些内容？

为满足生活、工作、生产用电而安装的与建筑物本体结合在一起的各类电气设备，称为房屋建筑的电气系统。根据作用的不同，电气系统可分为电气照明系统、动力设备系统、变电配电系统、弱电系统、防雷设备系统等五部分，按照房屋建筑的用途将电气系统及设备进行设计，表达在图纸上，称为建筑电气施工图，它是建筑电气工程造价和安装施工的主要依据。在房屋建筑施工图中，它与给水排水施工图、采暖通风施工图统称为设备施工图。

建筑电气施工图一般由下列图纸组成：

（1）图纸目录

包括图纸的序号、名称、编号、数量等。

（2）设计及施工说明

主要阐述电气工程的设计依据、施工要求、安装标准及方法、图例和图例说明、有关设计的补充说明和设备材料表。

（3）电气系统图和接线原理图

表明工程供电方式、电能输送及分配控制关系，以及线路的安装、配线方式、接线方法等。一般包括系统图、二次回路图、安装线路图等。这类图纸在电气图中是很重要的一部分，是了解设备的基本结构、工作原理、工作程序的图样，但和土建的关系很少。

（4）电气平面图

表示电气设备、装置及线路的安装位置、敷设方法等。一般有动力平面图、照明平面图、防雷平面图、变电所平面图等，是电气施工的主要图纸。

（5）详图

表明电气工程中许多部位的具体安装位置、方式、要求和做法的图纸。

78. 建筑电气施工图有哪些主要特点？

（1）采用统一的图形符号并加文字符号表示电气设备、元件、线路

建筑电气施工图中，电气设备、元件、线路等一般不是用其投影表示其外形和尺寸，而是采用统一的图形符号并加文字符号绘制出来的。因此，绘制和阅读建筑电气施工图，必须查阅和熟悉有关标准，明确图形符号所代表的内容和含义。主要应参考的标准有《电气制图》(GB 6988)、《电气图形符号》(GB 4728)、《电气技术中的文字符号制订通则》(GB 7159—1987) 以及《国家标准电气制图、电气图形符号应用示例图册》(建筑电气分册)。

（2）电气施工图不像建筑工程图样那样集中、直观

电路中的电气设备、元件等，彼此之间都是通过导线将其连接起来，构成一个整体。而导线可长可短，比如电气设备安装位置 A 处，而与之相连接的信号装置、操作开关则可能在很远的 B 处，两者甚至不在一张图纸上。所以应将各有关的图纸联系起来，对照阅读。

（3）与土建工程密切相关

应了解主要的土建图纸和相关的设备图纸，尤其要注意与设备安装和管道敷设有关的安装要求、技术要求，如暗敷线路、电气设备基础及各种电气预埋件等。

79. 常见的电气图形符号有哪些？

在 78 题中我们已经知道，建筑电气施工图中的电气设备、元件、线路等采用统一的图形符号来表示。因此，正确熟练地理解、识别各种电气图形符号，是绘制和阅读建筑电气施工图的基础。

《电气图形符号》(GB 4728)标准，将电气图形符号分为 11 类，如"导线和连接器件"、"开关、控制和保护装置"等。它们是电气技术领域技术文件所主要选用的图形符号。但在建筑电气技术领域中同时还要选用其他国家标准或行业标准的图形符号，如

《消防设施图形符号》(GB 4327)、《声音和电视信号的电缆分配系统图形符号》(SJ 2708—86)等。限于篇幅,不能一一列举,表6-1为较常用的电气图形符号。

常用电气图形符号　　　　表6-1

名　称	图　例	名　称	图　例
配电箱		电度表	kWh
接地线		灯具的一般符号	
熔断器		荧光灯管	
墙上灯座		明装双联开关	
壁灯		拉线开关	
吸顶灯		向上引线	
明装单相双极插座		自下引线	
暗装单相双极插座		向下引线	
暗装单相三极插座		自下向上引线	
暗装三相四极插座		向下并向上引线	
电源引入线		自上向下引线	
暗装单极开关		一根导线	
明装单极开关		两根导线	
暗装双极开关		三根导线	
暗装三极开关		四根导线	
暗装四极开关		n根导线	

80. 文字符号的标注方法及含义是什么？

图形符号提供了同一类设备或元件的共同符号，为了区分同类设备或元件中不同功能的设备或元件，表明系统中设备、装置、元件、部件及线路的名称、性能、作用、位置和安装方式等，还必须在图形符号旁标注相应的文字符号。一般包括配电线路的文字标注、用电设备的文字标注、动力及照明配电设备的文字标注、开关及熔断器的文字标注、照明变压器的文字标注、照明灯具的文字标注等内容。限于篇幅，以下仅列举最常见的配电线路和照明灯具的文字标注方法。其余内容，应查阅电气符号的相关标准。

(1) 配电线路的文字标注：$a-b\ (c\times d)\ e-f$

其中　a——线路用途的符号及线路编号；

　　　b——导线型号；

　　　c——导线根数；

　　　d——导线截面，（mm^2）；

　　　e——敷设方式及穿管管径，（mm）；

　　　f——敷设部位。

常用线路用途符号、导线型号、敷设方式、敷设位置见本章附录。

例如，"WP_1—BLV（$3\times 50+1\times 35$）K—WE"表示1号电力线路，导线型号BLV为铝芯聚氯乙烯绝缘导线，根数和截面尺寸（3根截面为$50mm^2$，1根截面为$35mm^2$），采用瓷瓶配线，WE表示沿墙明敷设。又如图6-2中的进户线"BLV（$3\times 25+1\times 10$）RC70—WC"表示：导线型号为铝芯聚氯乙烯绝缘导线；共4根，分别为3根截面为$25mm^2$，1根截面为$10mm^2$；RC70表示穿在直径为70mm的水煤气钢管内；WC表示沿墙暗敷设。

(2) 照明灯具的文字标注：$a-b\dfrac{c\times d\times l}{e}f$

其中　a——灯具数；

　　　b——型号；

c——每盏灯的灯泡数或灯管数；

d——灯泡容量；

e——安装高度，吸顶安装时为"—"；

f——安装方式；

L——光源的种类，常用光源的种类有白炽灯（IN）、荧光灯（FL）、汞灯（Hg）、钠灯（Na）、碘灯（I）、氙灯（Xe）、氖灯（Ne）等。

灯具的常见安装方式主要有吸顶安装、嵌入式安装、吸壁安装及吊装，其中吊装又分线吊、链吊和管吊。灯具安装方式的文字代号可见本章附录。

如图 6-3 中的灯具符号"30—$YG_2-2\frac{2\times40\times FL}{2.80}$C"表示：灯具数是 30 盏，型号为 YG_2-2，每盏灯有 2 个 40W 荧光灯管，安装高度为 2.8m，采用链吊安装。又如"5—DBB$\frac{4\times60\times IN}{}$"表示有 5 盏型号为 DBB306 型号的圆口方罩吸顶灯，每盏有 4 个白炽热灯，灯泡功率为 60W，吸顶安装。

81. 建筑电气施工图常用图线有哪些？

电气施工图常用图线主要有：粗实线、中实线、细实线、细虚线、细点画线、细双点画线等。其具体代表含义如下：

粗实线——表示电路中的主回路线；

中实线——表示交流配电线路；

细实线——表示建筑物的轮廓线；

细虚线——表示事故照明线、直流配电线路，钢索或屏蔽等，以虚线的长短区分各自的用途；

细点画线——表示控制线及信号线；

细双点画线——表示 50V 及以下电力、照明线路。

82. 建筑配电系统的接线方式主要有哪几种？

建筑配电系统的接线方式通常有放射式、树干式和混合式三种，如图 6-1 所示。

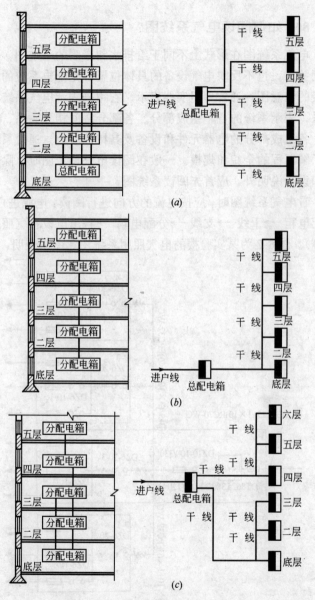

图 6-1 建筑配电系统的接线方式
(a) 放射式配电示意图；(b) 树干式配电示意图；(c) 混合式配电示意图

83. 如何阅读电气系统图？

电气系统图在形式上不同于给排水和采暖的系统图，它没有比例关系，也不反映电气设备的具体位置，是配电系统的组成与连接的示意图，通常用粗实线表示。它用来表示电气系统的网络关系，表示系统的各个组成部分、各部分之间相互关系、连接方式、各组成部分的电器元件和设备及其特性参数。通过系统图可以了解工程的全貌和规模。一般在阅读电气施工图时，除图纸目录和设计说明外，应首先阅读系统图。

看电气系统图时，应按电流的方向进行阅读：电源进户线——→总配电箱——→干线——→支线——→分配电箱——→各用电设备（照明、插座等）。图6-2为某实验楼的电气照明系统图。图中表明：

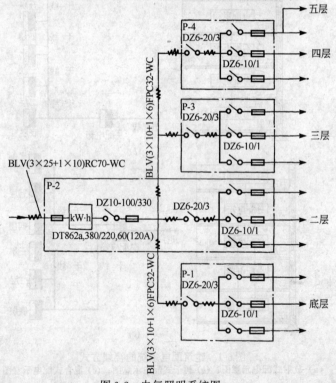

图6-2　电气照明系统图

(1) 电源进户线"BLV（3×25+1×10）RC70—WC"，其标注的含义由80题可知，进户线从二层引入，至配电箱"P—2"；

(2) 配电箱"P—2"内设有代号为"DT862a、380/220、60（120）A"的三相电度表，和代号为"DZ10—100/330"的自动空气总开关。

(3) 从"P—2"内接出两条干线"BLV（3×10+1×6）FPC 32—WC"，分别通向底层和三层的分配电箱"P—1"和"P—3"；

(4) 由"P—3"再接一干线"BLV（3×10+1×6）FPC 32—WC"至四层分配电箱"P—4"；

(5) 最后，由各分配电箱分别分出三条支线，通过分路开关"DZ6—10/1"与各用电设备连接。

84. 如何阅读电气平面图？

电气平面图是建筑电气工程图纸中的重要图纸之一，它用来表示设备安装位置、线路敷设部位、敷设方法及所用导线型号、规格、数量、管径尺寸等。电气平面图的种类有很多，如变配电所电气设备安装平面图、电力平面图、照明平面图、防雷平面图、接地平面图等。以下以照明平面图为例，来说明电气平面图的识读方法。

(1) 首先应搞清平面图表达的主要内容

电气照明平面图主要表达室内照明线路的敷设位置和方式、导线的规格和根数、穿管管径、各种照明设备的数量、型号和相对位置。这些内容就是我们识读时的重点。

(2) 应熟悉和了解平面图中的图形符号（如灯具、插座、开关等）的含义，注意查找相关国家标准。

(3) 阅读平面图同样应按电流方向进行（详见83题）。一般应在通过阅读系统图，了解系统组成概况的基础上，详细阅读各层平面图。

图6-3为83题所述工程的二层电气照明平面图。从图中可以看出，进户线从二层Ⓕ轴、⑤轴外侧引入。根据进户线的文字符

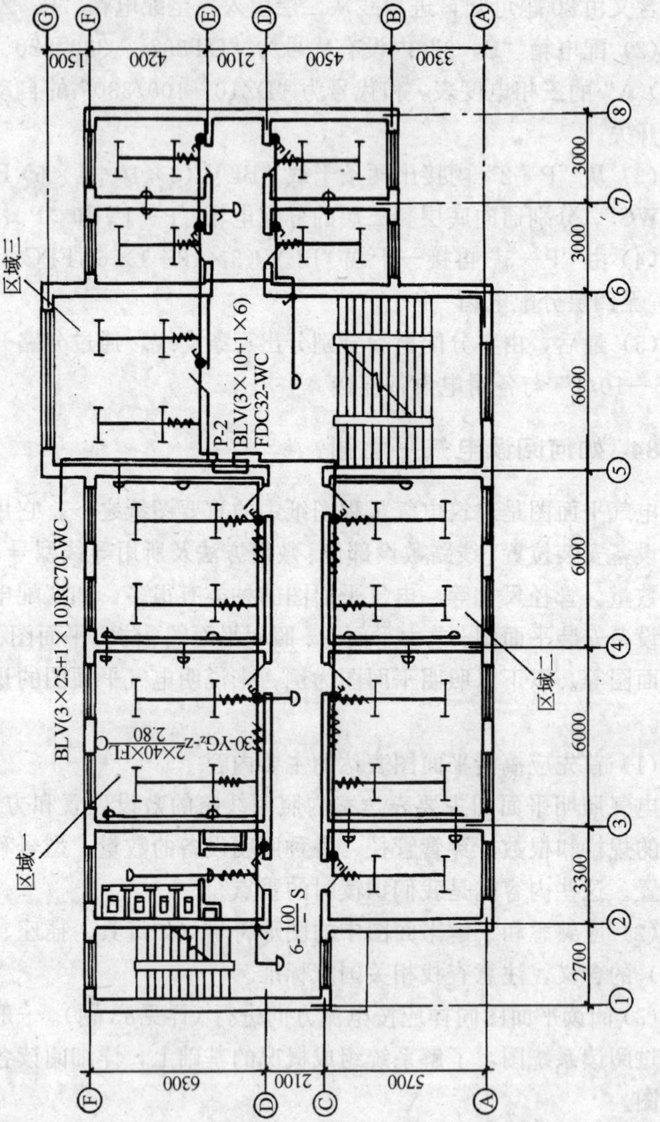

图 6-3 电气照明平面图

号可知，进户线在⑤轴墙内穿钢管暗敷，至配电箱"P—2"内；配电箱处有一引上引下的铝芯聚氯乙烯绝缘导线，接至一层和三层的配电箱；本层配电箱分出了三个分支，分别控制三个用电区域（见图中所引），每条分支分别连接各用电区域内的开关、灯具和插座。灯具的文字符号含义在80题中已述，不再重复。图中所有灯具分别由暗装四极、双极、单极开关控制。

85. 建筑电气施工图常用符号有哪些？

参见表6-2～表6-6。

常用线路用途的文字符号表　　　　表6-2

文字符号	文字符号含义	文字符号	文字符号含义
WC	控制线路	WP	电力线路
WD	直流线路	WS	声道（广播）线路
WE	应急照明线路	WV	电视线路
WF	电话线路	WX	插座线路
WL	照明线路		

常用导线型号　　　　表6-3

导线型号	导线名称	导线型号	导线名称
BX	铜芯橡皮绝缘线	RVS	铜芯聚氯乙烯绝缘绞型软线
BV	铜芯聚氯乙烯绝缘线	RVB	铜芯聚氯乙烯绝缘平型软线
BLX	铝芯橡皮绝缘线	BXF	铜芯氯丁橡皮绝缘线
BLV	铝芯聚氯乙烯绝缘线	BLXF	铝芯氯丁橡皮绝缘线
BBLX	铝芯玻璃丝橡皮绝缘线	LJ	裸铝绞线

导线敷设方式符号表　　　　表6-4

文字符号	含义	文字符号	含义
K	用瓷瓶或瓷柱敷设	FPC	穿聚氯乙烯半硬质管敷设
RP	用塑制线槽敷设	KPC	穿聚氯乙烯塑料波纹电线管敷设
SR	用钢线槽敷设	CT	用电缆桥架敷设
RC	穿水煤气管敷设	PL	用瓷夹敷设
SC	穿焊接钢管敷设	PCL	用塑料夹敷设
TC	穿电线管敷设	CP	穿金属软管敷设
PC	穿聚氯乙烯硬质管敷设		

导线敷设部位符号表　　　　　　　　　　　表 6-5

文字符号	含　义	文字符号	含　义
E	明敷设	C	暗敷设
BE	沿屋架或跨屋架敷设	BC	暗敷设在梁内
CLE	沿柱或跨柱敷设	CLC	暗敷设在柱内
WE	沿墙面敷设	WC	暗敷设在墙内
CE	沿顶棚面或顶板面敷设	FC	暗敷设在地面内
ACE	在能进入认得吊顶内敷设	CC	暗敷设在顶板内
		ACC	暗敷设在不能进入的吊顶内

灯具常见安装方式　　　　　　　　　　　　表 6-6

文字符号	含　义	文字符号	含　义
CP	自在器线吊式	P	管吊式
CP_1	固定线吊式	W	壁装式
CP_2	防水线吊式	S	吸顶式
CH	链吊式	R	嵌入式

第七章 室内装饰设计工程图

86. 室内装饰设计工程图的特点？

(1) 多种图示画法并存

室内装饰工程涉及面广，它与建筑、结构、水、暖、电、家具、室内陈设、绿化都有关系；也和钢铁、铝、铜、塑料、木材、石材等各种建筑材料有关。因此，装饰施工图中常出现建筑制图、家具制图、园林制图和机械制图等多种画法并存的现象。

(2) 没有统一的规范和标准

室内装饰专业起步较晚，目前还没有统一的制图标准和规范。所以，往往借鉴相关专业的规范和标准。如《房屋建筑制图统一标准》(GB/T 50001—2001)、《建筑制图标准》(GB/T 50104—2001)、《风景园林图例图示标准》(CJJ 67—95) 等。当满足不了需要时，图纸中经常采用一些目前行业内习惯的画法，识图时应注意了解和熟悉。

(3) 图纸上比例较大，文字辅助说明较多

室内装饰设计工程图主要是用于表达建筑主体内各部分的装修和布置，其图纸性质很像施工图中的详图，图纸上要表达的细部做法往往较多，所以采用比例较大，文字辅助说明较多。

(4) 标准定型化设计少，可采用的标准图不多

室内装饰设计是一种个性化的设计，因此标准化、定型化的设计较少。当然，这也和专业起步较晚有一定的关系，还没有形成一些定型标准的设计。

87. 室内装饰设计工程图包括哪些图样？

(1) 平面图

平面图是室内设计工程图中的主要图样。它与建筑平面图的形成方法完全相同。但它们在表达内容上是有区别的，建筑平面图主要表示建筑实体，包括墙、柱、门、窗等构配件；室内装饰平面图则主要表示室内环境要素，如装饰构件、家具与陈设等。

（2）立面图

是建筑物内墙面的正投影图，用以表示建筑内墙各种装饰图样、家具等的相互位置和尺寸。

（3）剖面图

是用假想平面将室内某装饰空间垂直剖开而得的正投影图。其表现方法与建筑剖面图一致。它主要表明装饰部位或空间的内部构造的情况，即装饰结构与建筑结构、结构材料与饰面材料之间的关系。

（4）顶棚平面图

是将房屋顶棚作镜像投影图得到的。主要表示顶棚的形式和做法；顶棚上的灯池、通风口、扬声器和浮雕等装饰。

（5）地面平面图

当地面做法比较复杂时，要单独绘制地面平面图，表示地面的形式、图案、用料、颜色等，有时还有固定在地面上的水池、假山等景物。

（6）详图

同建筑详图一样，装饰详图是装饰构配件和某些局部的放大图。根据所要表现的部位和内容可选择不同的图示方法，可以是平面图或立面图、剖面图。装饰详图内容多种多样，如柱子详图、隔断详图、家具详图等。

88. 室内装饰设计工程图与建筑施工图相比，在图示表现方法上有哪些不同的地方？

室内装饰设计可以看作建筑设计的延续和深化，因此，房屋建筑施工图的图示原理和方法大多能为室内装饰设计工程图所借鉴和使用。但两者毕竟具有不同的性质,在表示方法上也有一些不同的地方。较突出的有以下三点,是我们在识图和绘制时应特别注意的。

(1) 立面指向符号

立面指向符号也称内视索引符号,是室内装饰设计工程图中特有的符号。它是用于指示和索引室内装饰立面图的方向和位置的。它由一个等边直角三角形和圆圈组成的(图7-1)。圆圈上半部的字母为立面图的编号,下半部的数字为该立面图所在图纸的编号,如果立面图就在本张图纸上,则画一横线即可。

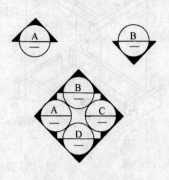

图7-1 立面指向符号

(2) 镜像投影法的应用

镜像投影法是基本投影法的一种,在房屋建筑施工图中用得较少,但在室内装饰设计工程图中是不可缺少的重要表现方法。它主要用于顶棚平面图的绘制。具体方法是把与顶棚相对的地面假设视作整片的镜面,顶棚的所有形象都如实地映射在镜面上,这个镜面就是投影面,镜面呈现的图像就是顶棚的正投影图(图7-2)。这样绘制的顶棚平面图,其纵横轴线排列与平面图完全一致,便于相互对照,更易于清晰识读。

(3) 标高的表示方法

房屋建筑施工图有绝对标高和相对标高两种;室内装饰设计工程图一般只应用相对标高,且相对标高的零点位置也不同,房屋建筑施工图是以首层室内地面为零点标高,而室内装饰设计工程图则取所要装饰的特定空间的室内地面装修完成面为零点标高。

标高符号的画法与房屋建筑施工图一样外,还有一种习惯画法,如图7-3(c)所示。

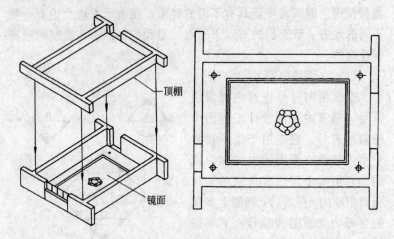

图 7-2　顶棚镜像投影的形成

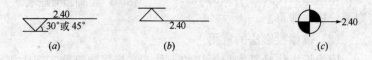

图 7-3　标高符号的画法

89. 如何阅读室内装饰平面图？

室内装饰平面图有以楼层或区域为范围的平面图，也有以单间房间为范围的平面图。前者侧重表达室内平面与平面间的关系，后者侧重表达室内的详细布置和装饰情况。阅读时有以下要点：

（1）首先，应对照原房屋建筑平面图，了解分析房屋结构形式及平面布局；

（2）明确装饰结构的平面形状和位置，主要包括隔断、装饰柱、门窗套等装饰结构的平面形状、位置和材料；

（3）了解和熟悉相关图例，看室内装饰设置的平面形状及位置，包括家具摆设、电器设备、卫生设备、绿化等；

（4）看地面的装饰情况，包括地面装饰材料种类、图案以及高度的变化等。对于有些图案、材料变化比较多，内容较丰富的地面，还应单独绘制地面平面图，以指导地面施工；

（5）看内视索引符号或剖切符号，查找表达相应墙立面的图样，仔细阅读墙面装修的形状、厚度、尺寸等，有时还需结合相关节点详图。

如图7-4为大一居室住宅装饰平面图，其平面布局由客厅、餐

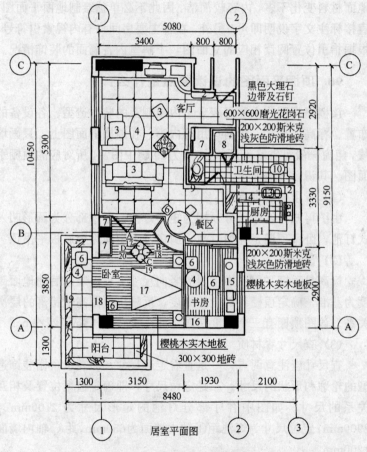

图7-4 室内装饰平面图示例
1—电视柜；2—烛台；3—沙发；4—茶几；5—餐桌；6—椅子；7—衣柜；8—淋浴房；9—洗脸台；10—抽水马桶；11—冰箱；12—燃气灶；13—洗菜盆；14—洗衣机；15—写字台、电脑桌；16—书柜；17—双人床；18—低柜；19—依墙柜

厅、卧室、书房、厨房及卫生间组成。平面装饰结构的最大特点是，利用隔断及家具巧妙地把原来的大卧室分成两部分，即图示的卧室和书房，且加大了就餐区。各房间的装饰设置的平面形状及位置，应参照图例（见附录）及图中数字代码的文字标注。地面的装饰情况通过索引的文字说明可知，有四种装饰材料，由于地面材料变化不多，内容较简洁，因此不必单独绘制地面平面图，直接标注文字说明即可。另外，在各主要房间均有内视索引符号，根据指引位置阅读相应的立面图，了解室内各墙面的装饰情况。

90. 顶棚平面图的识读要点是什么？

顶棚平面图，主要是表现室内顶棚上的装饰造型、各设备的布置、标高、尺寸、材料运用等内容。在顶棚平面图上，只画墙线，门窗一般可省略不画。图7-5为89题中图7-4所对应的顶棚平面图。其识读要点如下：

（1）看顶棚装饰造型

由图可知，客厅部分顶棚为矩形灯池，餐厅部分为圆形凹入式灯池，卧室顶棚是异型灯池，厨房及卫生间为金属板平吊顶。

（2）读标高

标高是顶棚平面图中重要的竖向尺寸。它以装修后的地面高度为基准，确定顶棚各部位的高度，反映出顶棚高低错落的层次关系。该图顶棚有三个高度层次，即2.3m、2.55m、2.75m。

（3）查尺寸看材质

查尺寸应注意两点，一是查看定形尺寸，即表示顶棚装饰造型的轮廓和形状的尺寸；二是定位尺寸，即确定造型位置及相互关系的尺寸。如图中客厅部分灯池的定形尺寸为2100mm×2900mm；定位尺寸为灯池距①轴内墙面为650mm，距ⓒ轴内墙面1200mm。

材质的表达一般是用文字来引出说明的，看图时应注意引出的位置及相关的详图。

（4）看设备布置

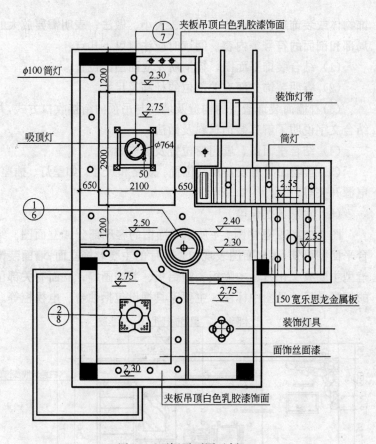

图 7-5 顶棚平面图示例

顶棚设备一般包括照明、空调、广播通讯、监视、消防等。其中照明灯具的布置、选型是装饰设计的重点之一。如该图中,玄关、客厅及就餐区的部位,设计布置了五种照明灯具,包括玄关处的装饰灯带、客厅的吸顶灯、餐厅悬垂灯、顶棚筒灯、灯池内暗藏灯。

91. 怎样阅读装饰立面图?

在装饰立面图中应表明立面的宽度和高度;表明立面上的装

饰物体或装饰造型的名称、内容、大小、做法；表明需要放大的局部和剖面的符号等内容。阅读时应注意以下几点：

（1）结合装饰平面图，搞清所示立面图的位置。

（2）查明装饰立面有关部位的标高及尺寸。

（3）看墙面装饰造型的构造及墙面与吊顶的衔接收口方式，并结合文字说明了解其装饰材料及做法。

（4）结合平面图，看门窗位置及装修做法。

（5）看墙面所用设备及其位置、规格和尺寸。如壁灯、插座、电源开关等。

（6）看家具摆设等。

图 7-6 为 89 题中图 7-4 所示平面图的客厅部分 A 立面图。结合平面图可知，A 立面图表现的是客厅的主要装饰立面；墙面装饰造型主要有文化石、木隔板、塑铝板、装饰画等；立面有关部位的标高及尺寸见图中标注。主要家具摆设包括烛台、电视柜等。

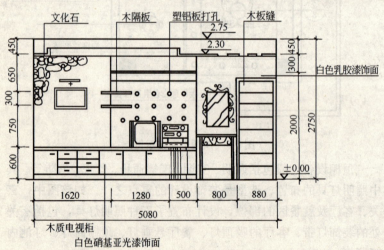

图 7-6 客厅 A 装饰立面图示例

92. 常用家具、设备图例有哪些？

参见表 7-1。

常用家具、设备图例　　　表7-1

类型	名称	图例	类型	名称	图例
沙发	单人		餐桌	四人圆形	
	双人			六人圆形	
	三人			八人圆形	
	一＋二＋三组合			12人圆形	
	转角沙发			4人快餐（火车座）	
	半圆型沙发			4人快餐（肯德基）	
	U型沙发		办公家具	标准写字台	
	异型沙发一、二、三			老板台一	
几	长方型			老板台二	
	方型（有台灯）			电脑桌一、二、三	
	圆形			转角写字台	
	不规则型			开敞式组合办公桌椅	
餐桌	二人方型			文件柜、书柜	
	四人方型			船形会议桌 10～20	
	六人长方型				

续表

类型	名 称	图 例	类型	名 称	图 例
办公家具	长方形会议桌10～21			电暖器	
	圆形会议桌10～22			电热水器	
	椭圆形会议桌10～23			饮水机	
	U圆形会议桌10～24			洗衣机一、二、三	
	各种椅子			电饭锅	
床	1200×2000		电气	微波炉	
	1500×2000			电磁炉	
	1800×2000			柜式空调	
	2000×2000			挂式空调	
	沙发床			音响	
	儿童床			电话	
	行军床			打印机	
客房	单人床、床头柜			传真机	
	双人床、床头柜			复印机	
	客房组合柜			坐便	
	衣柜			蹲便	

续表

类型	名 称	图 例	类型	名 称	图 例
厨房	一字型台面		洁具	小便器	
	L字型台面	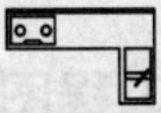		柱式洗面盆	
	U字型台面	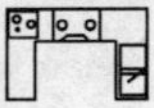		台式洗面盆	
电气	冰箱			浴缸一、二、三	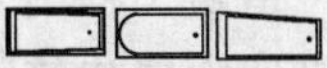
	冰柜			浴箱一、二、三	
	电视			冲浪浴箱一、二、三	
	电脑			拖布池	
	电风扇		灯具	荧光灯	
灯具	花灯一、二、三		绿化	树一、二、三、四	
	筒灯		体育器材	健身器一、二、三	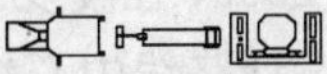
	吸顶灯			乒乓球台	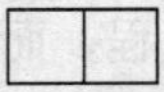
	壁灯			台球桌	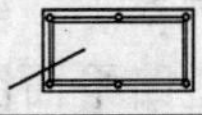
	立灯			棋牌桌	
	台灯			轮椅	
	异型灯一、二、三		钢琴	台式钢琴	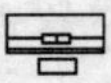
绿化	花一、二、三、四			三角钢琴	
	草一、二、三、四			衣帽架	

129

第八章 道路工程图

93. 什么是道路工程图？道路工程图一般包括哪些图样？

道路工程图是表达道路路线的走向，地面的起伏状况，地质及沿线附属建筑物（桥、涵等）的概况等内容的图样。它是修建道路的技术依据。

道路工程图一般包括：道路平面图、道路纵断面图和道路横断面图。

94. 道路平面图的图示特点是什么？应包括哪些内容？

道路平面图主要表达道路的走向以及道路两侧地形、地物的情况。由于道路平面图常采用较小的绘图比例（山岭地区多采用1：2000，丘陵及平原地区多采用1：5000），所以一般在地形图上沿设计路线中心线，绘制一条加粗的实线，来表示道路的走向及长度里程，而不需表达路基宽度；地形用等高线表示；地物用规定图例表示，如图8-1所示。

道路平面图主要包括设计路线和地形地物两部分内容。

设计路线部分应包括：

(1) 加粗实线：沿设计路线中心线绘制，表示道路走向；

(2) 里程桩号：为表示道路总长度及各路段长度，一般自道路起点至终点沿前进方向，在路线左侧每隔1km。设置一个千米桩，以表示该处离开起点的千米数，如图8-1中的K3，即表示该处离开起点3km；同时沿前进方向，在路线右侧，两个千米桩之间，每隔100m设一个百米桩，如图8-1中JD8附近的4，表示该点离开K3千米桩为400m。

总 张 第 张
K2+800—K4+300

比例 1：5000

曲线表

交角点	α	R	L	T	E
JD7	43°00′	195	146.35	75	13.93
JD8	25°10′	450	179.66	100	10.98
JD9	36°31′	385	245.26	125	19.78

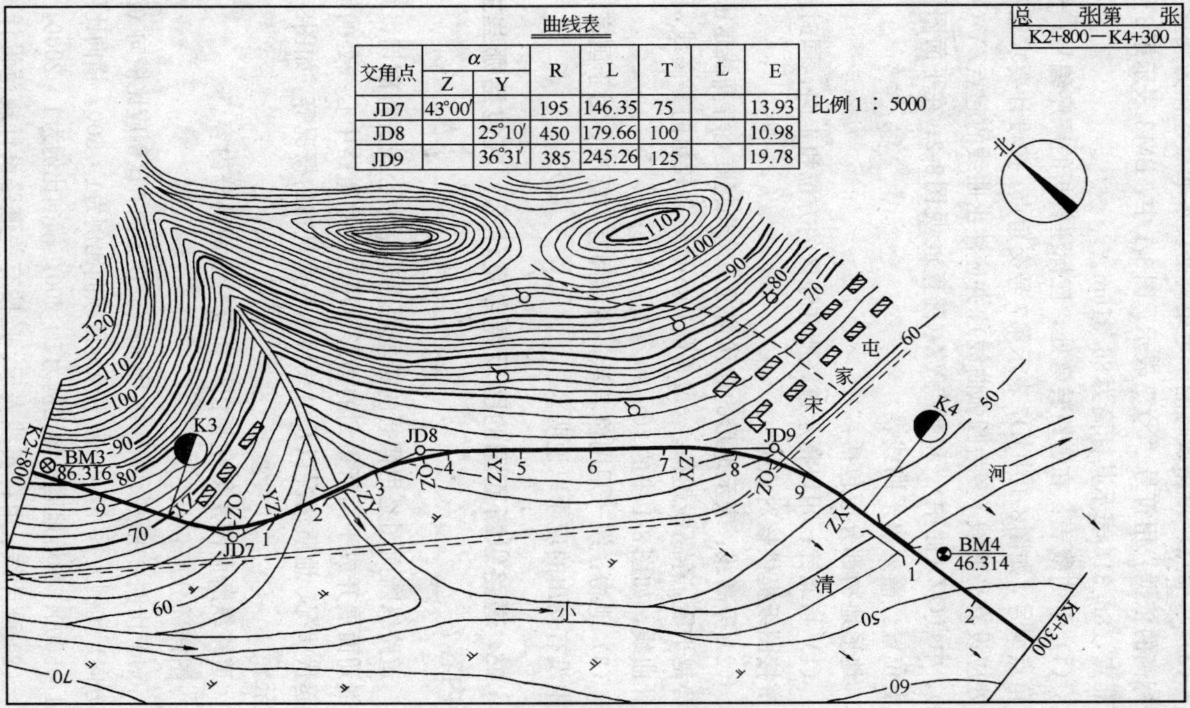

图 8-1　道路平面图

(3) 水准点：沿路线每隔一定距离需设水准点，作为测量周围标高的依据，用符号"⊗"表示。图8-1中，BM3表示第3号水准点，86.316表示其标高为86.316m。

(4) 平曲线表：在道路转弯处，应标注转折的顺序编号，即交角点编号，如图8-1中JD7表示第7号交角点，按设计要求在转弯处应设有平曲线（多为圆弧曲线），并应注出曲线的起点ZY（直圆）、中点QZ（曲中）。和终点YZ（圆直），见图8-2；在平面图的适当位置，需列出平曲线表。

地形地物部分应包括：

(1) 指北针：用以指示道路所在地区的方位和走向，同时也为拼接图纸提供核对依据。

(2) 等高线：表示地形的起伏情况。地势越陡，等高线越密；地势越平缓，等高线越稀。一般每隔10m画一条较粗的等高线，称为计曲线，如图8-1中的70、80等处。

(3) 地物：统一用图例表示，可参阅有关标准，对于国家标准中没有列出的应予以说明。

95. 道路纵断面图的图示特点是什么？应包括哪些主要内容？

道路纵断面图是用假想的铅垂面沿道路中心线进行剖切，并将剖切面展开成平面所得到的图形，用以表达道路中心线处的地面起伏状况、地质情况以及沿线桥涵等建筑物的概况等，如图8-3所示。

道路纵断面图主要包括图样和资料表两部分内容。

图样部分应包括：

(1) 比例：在纵断面图中，纵向（高度方向）比例应比横向（沿线方向）比例大10倍。一般平原地区纵向比例为1：500，横向比例为1：5000；山岭地区纵向比例为1：200，横向比例为1：2000。

(2) 设计线：用粗实线表示。是按有关道路设计规范设计的路线，一般为直线与曲线相间。曲线段设在不同坡度的连接处，即变坡点处,称为竖曲线。在设计线上方应用细实线绘制竖曲线符号"⊓"或"⊔",分别表示凸曲线和凹曲线,并作相应标注,如图8-3中,在桩号$K3+100$处(变坡点处)设有半径$R=4800$,切线长度$T=125$,外距$E=1.63$的凸形竖曲线,该处标高为66.50。

(3) 地形线:将设计路线中心处一系列点的标高用细实线以折线形式连接。

(4) 桥涵等建筑物:沿线上的桥涵,可在地形线上方与桥涵中心桩号对正,注出桥梁符号"⊓"或涵洞符号"○"及其规格、名称等,如图8-3中,在桩号$K3+245$处有一座20m长的石拱桥;在桩号$K3+580$处有一座截面为0.75m×1m、长为10.3m的石盖板涵洞。

(5) 水准点:沿线所设水准点,应在设计线上方或下方引出标注。如图8-3中,在桩号$K4+125$处,左侧25m的岩石上设有标高为46.314m的第4号水准点。

资料表部分应包括:

(1) 地质概况:简要说明沿线的地质情况。

(2) 坡度/坡长:指设计线的纵向坡度及该坡度路段的长度。每一分格表示一种坡度,对角线表示坡度方向;若为无坡度路段,则用水平直线表示。如图8-3中"4.6/180"表示坡度为4.6%、坡长为180m的上坡路;"$\dfrac{0}{300}$"表示长度为300m的无坡度路。

(3) 挖深与填高:表示地形标高与设计标高的差值,单位为m。应与挖方及填方路段的桩号对齐。

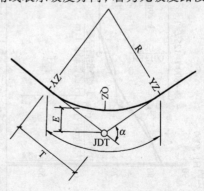

图8-2 平曲线要素

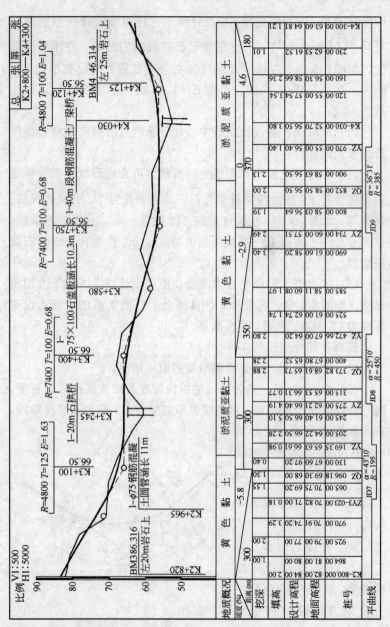

图 8-3 道路纵断面图

(4) 设计高程与地面高程：表示设计线及地形线上对齐桩号处的标高。

(5) 桩号：为各桩点的里程数值，单位为m。必要时可增设桩号。

(6) 平曲线：为道路平面图的示意图。直线路段用水平细实线表示；向左及向右转弯，分别用下凹及上凸的细实线表示，并在下凹及上凸处注出相应参数。如图8-3中标注"$JD9 \alpha = 36°31'$ $R = 385m$"表示第9号交角点处为偏角$36°31'$，半径为385m的右转弯曲线。

96. 道路横断面图一般有几种形式？

道路横断面图是假想用一垂直于道路中心线的铅垂剖切面将道路剖切后所得断面图。一般包括填方路基（路堤）、挖方路基（路堑）和半填半挖路基三种形式，如图8-4所示。在图形下方应注出该断面处的桩号，中心线处的填方高度h_T（m）、填方面积A_T（m²）或挖方高度h_W（m）、挖方面积A_W（m²）及中心标高、边坡坡度等。道路横断面图的纵横方向采用相同比例，可采用1∶200、1∶100等。路基设计线用粗实线绘制，地面线用细实线绘制，并按先自下而上，再由左向右的顺序排列。

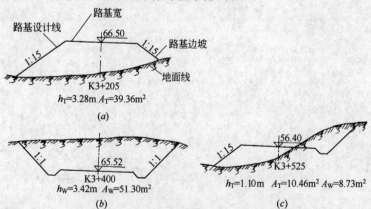

图8-4 路基横断面的基本形式及标注
(a) 填方路基；(b) 挖方路基；(c) 半填半挖路基

97. 如何阅读道路工程图？

因为道路工程图所涉及工程范围较大，图纸较多，可根据每张图纸的里程桩号，明确所表示路段。各路段都应先阅读平面图，以了解道路走向、长度里程及沿线地形、地物等，然后结合纵断面图及横断面图，读懂各路段，进而读懂完整的道路工程图。

第九章 桥涵工程图

98. 什么是桥梁？桥梁一般由哪几部分组成？一套完整的桥梁工程图一般包括哪些图样？

桥梁是一种人类借以跨越江河峡谷的建筑物。按其用途不同，可分为公路桥、铁路桥、公路铁路两用桥及专用桥等。

桥梁一般由上部结构（分为承重结构和桥面系）、下部结构（包括桥墩、桥台和基础）和附属结构组成。

一套完整的桥梁工程图一般包括：桥位平面图、桥位地质断面图、桥梁总体布置图和构件图。其中桥梁总体布置图主要表现桥梁的型式、孔数、跨度、桥长、桥高、各部位标高、各主要构件的相互位置关系、桥宽、桥跨横截面布置等，可用1：100或1：200的比例绘制，是施工时确定墩台位置、构件安装和标高控制的依据。可见桥梁总体布置图中并未将组成桥梁的各构件的形状、大小表示清楚，需通过构件图来表达，构件图常用绘图比例是1：10～1：50。必要时，还可通过构件详图来表达构件的某些局部。

99. 什么是桥墩？桥墩主要由哪几部分组成？桥墩常采用哪些图样表示？

桥墩是位于多跨桥梁中间，用于支承桥跨结构的建筑物。

桥墩主要由基础、墩身和墩帽组成。

表示桥墩的图样一般包括桥墩图、墩帽图和墩帽钢筋布置图。

100. 桥墩图常采用何种表达方案？如何阅读桥墩图？

桥墩图主要表达桥墩的整体形状和大小，包括基础和墩身的形状及尺寸、墩帽的基本形状和主要尺寸以及桥墩各部分的材料。由于桥墩结构较简单,一般采用三面投影图表达,必要时结合剖面图、断面图。

阅读桥墩图的一般方法和步骤:

(1)通过阅读标题栏和附注,了解桥墩类型、图样比例、尺寸单位及其他要求,如图9-1表示圆端形桥墩。

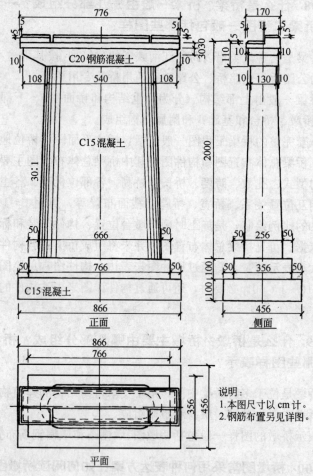

图9-1 圆端形桥墩图

(2) 通过对各图形间对应关系的分析,想象出桥墩各部分的形状及相对位置。

(3) 通过阅读尺寸标注及材料标注,明确桥墩各部分的大小、具体的定位关系及不同部分的材料。图9-1中,基础、墩身均采用C15混凝土材料,墩帽材料为C20钢筋混凝土。

(4) 综合分析全图,想象出桥墩的总体形状和大小,如图9-2所示。

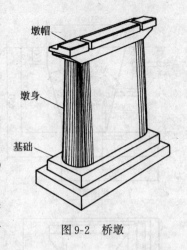

图9-2 桥墩

101. 目前我国公路上应用较多的U形桥台主要由哪些部分组成?一般采用什么样的表达方案?如何阅读桥台图?

桥台是指桥梁两端,用于支承桥跨结构,同时抵挡路堤土压力的建筑物。U形桥台(水平断面形状呈U字形)属实体式重力桥台,由基础、台身(或称前墙)、翼墙(或称侧墙)及台帽组成。

U形桥台构造比较简单,只需用一个桥台总图即可将其形状和尺寸表达清楚。常采用纵剖面图、平面图和侧立面图(可同时显示台前、台后的形状)来表示桥台的构造,如图9-3所示。

阅读桥台图的步骤与阅读桥墩图的步骤大致相同,读者可自行体会。

102. 什么是涵洞?涵洞主要由哪几部分组成?涵洞工程图常采用何种表达方案?阅读涵洞工程图的大致步骤是怎样的?

涵洞是横穿在道路堤坝下面用来过水的建筑物。涵洞种类很多,按其构造形式可分为圆涵、拱涵、盖板涵等。

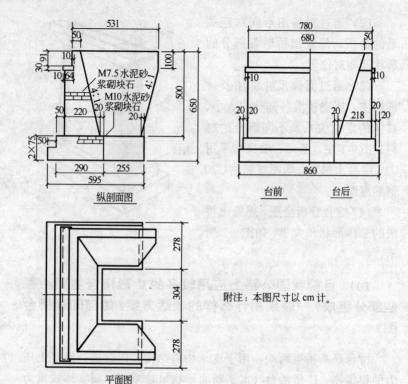

图 9-3　U 形桥台总图

不同种类涵洞的主要组成部分大致相同，均包括基础、洞身和洞口三部分，关键部位是洞口。图 9-4 所示为圆涵的构造图。

涵洞一般用一张总图来表示，有时也可单独画出洞口构造图或某些细节的构造详图，如图 9-5 所示为圆涵洞口图。因涵洞为狭长的建筑物，水流方向为其纵向，故常用纵剖面图代替立面图；画平面图时，将洞顶覆土揭去，必要时采用半剖形式；当进出水口形状相同时，只画一个侧面图（实际是洞口正面图），否则，应画两个侧面图，如有必要侧面图也可采用半剖形式；除纵剖面图、平面图和侧面图外，有时还需画出必要的构造详图，如钢筋构造图、翼墙断面图等，图 9-5 中 1—1 图即为翼墙断面图。

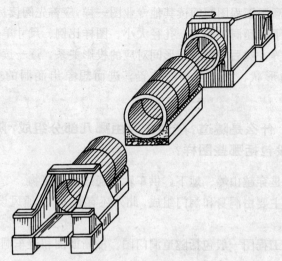

图9-4 圆涵

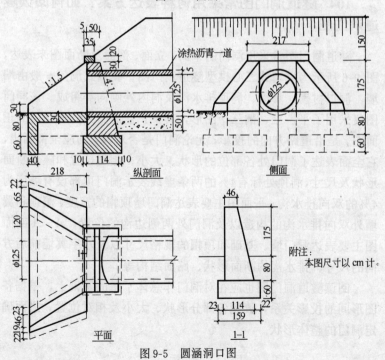

图9-5 圆涵洞口图

阅读涵洞工程图同阅读其他专业图一样,应首先阅读标题栏、附注,以了解涵洞的类型、孔径大小、图样比例、尺寸单位及各部分材料等,然后根据各图形间对应的投影关系,逐一读懂各组成部分的形状、大小及相对位置,进而想象出涵洞的整体形状。

103. 什么是隧道?隧道主要由哪几部分组成?隧道工程图一般包括哪些图样?

隧道是穿越山岭、地下,供车辆等通过的建筑物。

隧道主要由洞身和洞门组成,此外还有避车洞、通风设备、照明设备等。

隧道工程图一般包括隧道洞门图、横断面图和避车洞图。

104. 隧道洞门图常采用何种表达方案? 如何阅读隧道洞门图?

隧道洞门图常采用洞门的平面、立面、剖面及断面图来表达,图 9-6 所示为翼墙式三心拱型隧道洞门图。翼墙式洞门一般由端墙、洞口衬砌、翼墙、洞顶排水沟及洞内外侧沟等组成。该洞门图仅采用了平、立、剖三个图形,其中:立面图为隧道洞门的正面图,是沿道路方向的投影,无论洞门是否对称,均应全部画出,它全面表达了洞门处各部位的形状、大小、相对位置和隧道断面形状及尺寸,洞顶处标有4%的两条虚线表示洞门顶部设有坡度为4%的双向排水沟;平面图主要表达洞门墙顶帽的宽度、洞顶和翼墙外双向排水沟的构造以及洞门外两侧边沟的位置;A—A 剖面图主要表达洞门墙、基础和顶帽的规格尺寸以及八字翼墙前后方向的尺寸、排水沟的断面形状、路面结构等。

阅读隧道洞门图也应在对洞门作总体了解的基础上,根据各图形间的投影关系,读懂各部分形状、大小及相对位置,进而确定洞门的整体形状。

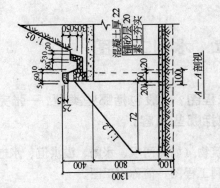

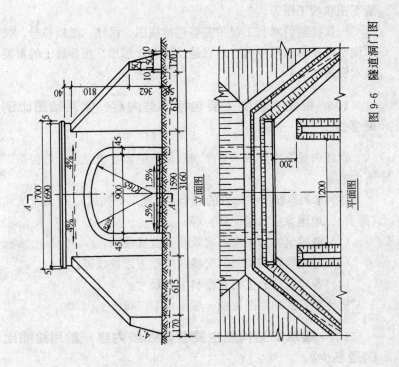

图 9-6 隧道洞门图

第十章 水利工程图

105．什么是水利工程图？一般包括哪些类型？一张完整的水利工程图主要包括哪些内容？

表达水利水电工程建筑物（如拦河坝、水闸、溢洪道、水电站厂房等）的图样称为水利工程图，简称水工图。

水工图一般包括：工程位置图、枢纽布置图、建筑物结构图、施工图和竣工图等。

一张完整的水利工程图主要包括视图、尺寸、图例符号、技术说明以及标题栏等内容，它是反映设计思想、指导施工的重要技术资料。

106．枢纽布置图主要包括哪些内容？常用绘图比例是多少？

枢纽布置图主要表示整个水利枢纽的布置情况。一般包括以下内容：

(1) 水利枢纽所在地区的地形（如地形等高线）、河流及流向（箭头）、地理方位（指北针）等；

(2) 各建筑物的平面形状及相互位置关系；

(3) 各建筑物与地面的交线及填挖方边坡线等；

(4) 各建筑物的主要高程和主要尺寸。

枢纽布置图的绘图比例一般采用 1∶500～1∶2000。

107．建筑物结构图主要包括哪些内容？常用绘图比例是多少？

建筑物结构图是表达水利枢纽中某一建筑物的形状、大小、材

料等的工程图样,包括结构设计图、钢筋混凝土结构图等。它一般包括以下内容:

(1) 建筑物及细部的形状、尺寸、材料等;
(2) 工程地质情况及建筑物与地基的连接方式;
(3) 相邻建筑物间的连接方式;
(4) 建筑物的工作条件,如上、下游设计水位、水面曲线等;
(5) 建筑物附属设备的位置。

结构图的绘图比例一般为 1:10~1:1000。

108. 我国水利工程图采用的现行标准是什么?

我国水利工程图的绘制现仍沿用行业制图标准:《水利水电工程制图标准》(SL 73—95)。

109. 水利工程图一般采用哪种投影方法?在六个基本视图中常用的是哪三个?

水利工程图一般采用正投影法绘制,并采用直接正投影法(构件处于第一分角)。

在六个基本视图中,水工图中常用的是正视图、俯视图和左视图。俯视图也可称为平面图,正视图、左视图、右视图、后视图也可称为立面图或立视图。由于水工建筑物中的许多部分被土层覆盖,而且内部结构也比较复杂,所以较多应用剖视图和剖面图的形式。

110. 除六个基本视图外,水工图中还经常采用哪些表达方法?

除六个基本视图外,水工图中还经常采用下述表达方法:

(1) 详图:因水工图采用图形比例较小,有些建筑物的局部结构表示不清,可将这部分结构用大于原图形的比例画出,称为详图。
(2) 展开画法:当建筑物的轴线或中心线为曲线时,可将曲线展开成直线后,绘制成视图、剖视图和剖面图,并在图名后面注写"展开"两字,如图10-1所示。

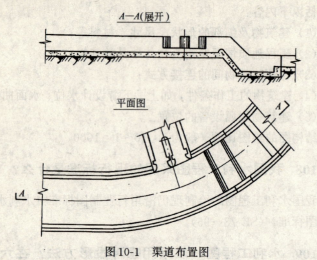

图10-1 渠道布置图

(3) 简化画法:当图样中的一些细小结构成规律分布时,可以简化绘制,如图10-2中排水孔的画法。

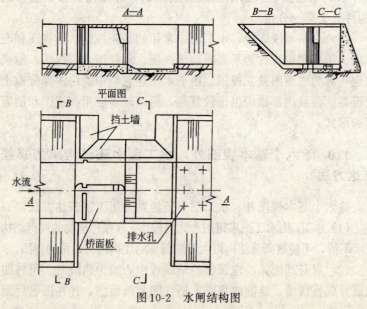

图10-2 水闸结构图

(4)拆卸画法：当视图、剖视图中所要表达的结构被另外的结构或填土遮挡时，可假想将其拆掉或掀掉，然后再进行投影，如图10-2所示。

(5)合成视图：对称或基本对称的图形，可将两个相反方向的视图或剖视图、剖面图各画对称的一半，并以对称线为界，合成一个图形，如图10-2所示。

此外，当建筑物有若干层结构时，可按其构造层次采用分层画法；较长的构件，当沿长度方向的形状不变或按一定规律变化时，可以断开绘制等。

111. 水利水电工程中是如何规定河流的上、下游和左、右岸的？图样中习惯采用怎样的水流方向？当视图与水流方向有关时，有何习惯叫法？

水利水电工程中，规定河流的水流方向是自上游流向下游的，同时规定视向顺水流方向时，左边称为左岸，右边称为右岸。

图样中一般使水流方向为自上而下或自左而右，如图10-3所示。

当视图与水流方向有关时，视向顺水流方向，可称为上游立面图或立视图；视向逆水流方向，可称为下游立面图或立视图。

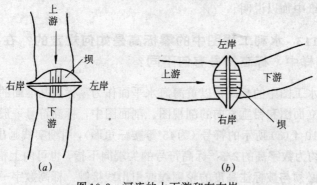

图10-3 河流的上下游和左右岸

112. 水利工程图的尺寸标注方法一般有哪几种？常用的尺寸单位是什么？

根据需要的不同，水利工程图的尺寸标注方法一般可采用下述几种方法：

（1）欲确定水工建筑物在地面上的位置，应首先确定出基准点和基准线的位置。基准点的位置由测量坐标系确定，以 m 为单位。

（2）对于坝、隧洞、渠道等较长的水工建筑物，沿轴线方向的定位尺寸，可采用"桩号"的方法进行标注，标注形式为 k±m，k 为千米数，m 为米数，可参见第八章。

（3）水工建筑物的过水表面常为曲面，其横断面一般呈不规则曲线，可用数字表达式结合坐标值表示；有些曲线也可仅用坐标值表示。

（4）高度的注法：水工建筑物的高度尺寸与水位、地面高程密切相关，其尺寸数值一般较大，常采用水准仪测量，所以建筑物的主要高度尺寸常采用标高注法。

水工图中标注的尺寸单位，除标高、桩号及规划图（流域规划图以公里为尺寸单位）、总布置图的尺寸以 m 为单位外，其余尺寸以 mm 为单位，图中不必说明。若采用其他尺寸单位时，则必须在图纸中加以说明。

113. 水利工程图中的零标高是如何规定的？在不同的图样中，标高符号有何不同？

水工图中的标高是以黄海海水平面作为零标高基准面的。

立面图和铅垂方向的剖视图、剖面图中，标高符号一般采用如图10-4（a）所示的符号（为45°等腰三角形），用细实线画出，其中 h 约为数字高的2/3。标高符号的尖端向下指，也可向上指，但尖端必须与被标注高度的轮廓线或引出线接触。标高数字一律注写在标高符号的右边。

平面图中的标高符号采用如图10-4（b）所示形式，用细实线画出。当图形较小时，可将符号引出绘制。

水面标高（简称水位）的符号如图10-4（c）所示，在水面线下方画三条细实线。特征水位标高符号可采用如图10-4（d）所示的形式。

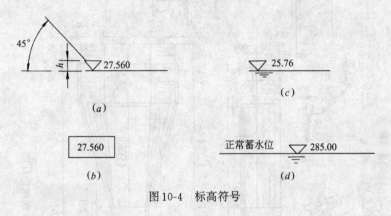

图10-4　标高符号

114. 如何阅读水利工程图？

水工图涉及的内容较广，大到工程枢纽的平面布置，小到建筑物的细部构造都需要表达清楚。水利工程技术人员都应具有熟练阅读各种水工图的能力。

通过阅读枢纽布置图，应了解枢纽的地理位置、地形、河流状况以及各建筑物的位置和相互关系。

通过阅读建筑物结构图，应了解建筑物的名称、功能、工作条件、结构特点，建筑物各组成部分的结构形状、大小、作用、材料及相互位置关系，附属设备的位置的作用等。

阅读水工图同阅读其他建筑物图样的方法一样，都应熟练运用投影规律，用形体分析法和线面分析法进行读图。下面以图10-5所示水闸为例，说明阅读水利工程图的大致方法：

第一步　概括了解

水闸是一种低水头的水工建筑物，具有挡水和泄水的双重作

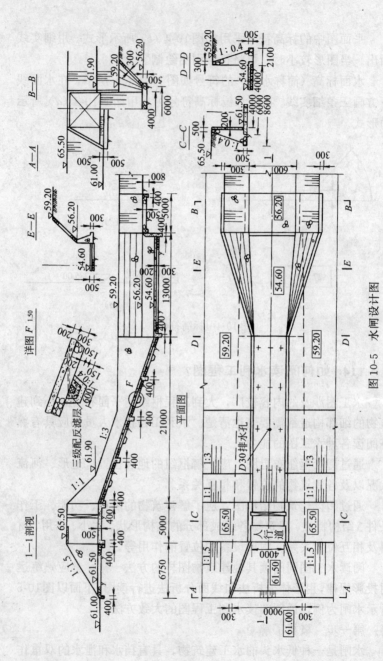

图 10-5 水闸设计图

用，广泛应用于防洪、灌溉、排涝等水利工程中。图10-5所示水闸是一座建于岩基上的渠道泄洪闸，它起控制渠道内水位和渲泄洪水的作用。该闸由上游连接段、闸室段和下游连接段等三部分组成。

该水闸的上游连接段主要包括上游翼墙、护底、齿坎（也可设防冲槽）和护坡等四个部分，其作用是引导水流平顺地进入闸室，并保护上游河床及河岸不受冲刷。

闸室段是闸的主要部分，起控制水流的作用。该闸为单孔泄洪闸，闸室段主要包括闸门、闸底板、闸墩（该闸中仅有边墩）及闸墩上方设置的交通桥、工作桥（未画出）和闸门启闭机（未画出）。

下游连接段由下游翼墙、消力池、海漫、防冲齿坎（或防冲槽）及下游护坡等五个部分组成，其作用是均匀地扩散水流，消除水流的能量，防止冲刷河岸及河床。

本图采用了三个基本视图（平面图、1—1剖视图、$A-A$与$B-B$合成立面图）、三个剖面图和一个详图。其中，平面图表达了水闸各组成部分的平面布置情况、形状及大小。1—1剖视图为通过水闸纵向轴线剖切后所得的剖视图，表达水闸各组成部分沿高度和长度方向的结构形状、大小、材料、相互位置，以及建筑物与地面的联系等。$A-A$与$B-B$合成剖视图主要表示水闸上下游立面布置情况及两岸的连接情况。三个剖面图分别表示所剖切处边墙及底板的截面形状和尺寸。详图F表达了陡坡段底板的细部构造。

第二步 深入阅读

沿水闸纵向轴线方向，结合其他视图，可了解下述内容：

上游连接段 护底为长6.75m，厚0.5m的浆砌块石结构，端部设有高为1.0m、宽0.4m的防冲齿坎及1∶3的斜坡面，两侧采用浆砌块石结构的八字墙。

闸室段 闸室长5.0m，宽4.0m，为单孔闸。边墩上设有闸门槽，上面设有交通桥（工作桥及闸门启闭系统均未画出）；闸门为平板门，高为4.0m；混凝土底板厚为0.5m，长5.0m，前后均设有齿坎。

下游连接段 紧连闸室下游的是宽为4.0m的陡坡和消力池，两侧均为浆砌块石挡土墙。陡坡起始标高为61.50m，以1:3的坡度下降至标高54.60m，水平长21m，底板为厚0.3m的浆砌块石，其上铺有0.2m厚的混凝土护面，上设12个直径为30的排水孔，孔底部设有反滤层，以避免水流中泥沙堵塞排水孔，与地基连接部分还设有齿坎；消力池底板标高为54.60m，池深1.6m，长13m，两侧边坡在56.20m标高以上部分为扭面，消力池末端设有一用来稳定水跃的混凝土尾坎，坎顶为1:1的斜坡面；接着是标高为56.20m、长为5.0m的海漫，其作用主要是消除余能，材料为浆砌块石，末端设有防冲齿坎，高0.8m。

第三步 归纳总结

经过对图纸的阅读和分析，可想象出水闸的空间整体结构形状，如图10-6所示。

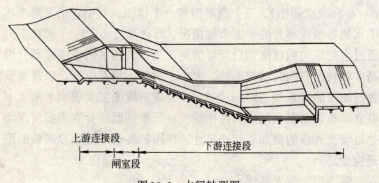

图10-6 水闸轴测图

第十一章 城市规划图

115. 城市规划工作分为哪几个阶段？什么是城市规划图？

城市规划工作一般分为总体规划和详细规划阶段两个阶段。其中总体规划阶段包括城镇体系规划、城市总体规划、城市分区规划三个层次；详细规划阶段包括控制性详细规划和修建性详细规划。

城市规划图是说明一座城市发展计划的形象性表述资料。它在表达规划意图、反映城市布局及体现规划的指导思想方面，具有简练、形象、准确和直观的优点。因此，城市规划图结合文字说明是城市建设、管理的重要依据，也是国家经济和文化建设的重要组成部分。

116. 城市规划图有何主要特点？

由于城市规划涉及政治、经济、社会、技术与艺术，以及人民生活的广泛领域，内容广泛而复杂，所以表达在图纸上也具有同样的复杂性，带有鲜明的自身特点。

（1）综合性

城市规划需要统筹安排城市的各项建设，如工业、农业、交通运输、生活居住区、市政建设、文化卫生、商业等。既有远期规划总体布置，又有近期具体项目。各项不可孤立对待，需要通过各工种各技术部门的大力协作，最终以各种文件及图纸表达出来。

（2）政策性

城市规划既是城市各种建设的战略部署，又是组织合理的生产、生活环境的手段，几乎涉及国家经济、社会、文化有关的各个部门。特别是规划中的一些重大问题，必须以国家有关方针为依据。例如城市的性质、规模、工业配置，居住面积的规划指标，各项建设的用地指标等。因此在编制城市规划图时应严格执行国家有关的政策法规。

（3）地区性

由于城市的性质、规模及在国民经济中所担负的任务与自然条件的不同，历史与文化背景的差异，所编制的不同城市的规划图带有明显的地区性。

（4）长期性

城市规划既要解决当前的建设问题，又要考虑今后长远的发展需要，所以在规划图上既要标明城市近期各项建设用地范围和工程设施的位置，又要充分留有将来发展的余地。

（5）色彩鲜明、主题突出

城市规划的每一张图纸都用色块或线条将其要表达的主题和中心内容醒目地标出，使说明的问题一目了然，便于阅读理解和使用。

117. 城市规划图应包括哪些图纸？

城市规划图是完成规划编制任务的主要成果之一。根据城市规划工作的不同阶段和层次，城市规划图分为五类，即城镇体系规划图、城市总体规划图、城市分区规划图、控制性详细规划图、修建性详细规划图。每一类又包含各自不同的内容，见表11-1。

城市规划图的分类　　　　　　　表11-1

图 名	内 容	图纸比例
城镇体系规划图	(1) 城镇现状建设和发展条件综合评价图 (2) 城镇体系规划图 (3) 区域社会及工程基础设施配置图 (4) 重点地区城镇发展规划示意图	1：50000～1：10000

续表

图 名	内 容	图纸比例
城市总体规划图	(1) 市域城镇分布现状图 (2) 城市现状图 (3) 城市用地工程地质评价图 (4) 市域城镇体系规划图 (5) 城市总体规划图 (6) 郊区规划图 (7) 近期建设规划图 (8) 各项专业规划图 (9) 环境卫生设施规划图 (10) 环境保护规划图 (11) 防灾规划图 (12) 历史文化名城保护规划图	1:25000～1:10000
城市分区规划图	(1) 规划分区位置图 (2) 分区现状图 (3) 分区土地利用规划图 (4) 分区建筑容量规划图 (5) 道路广场规划图	1:20000～1:10000
控制性详细规划图	(1) 用地现状图 (2) 用地规划图 (3) 地块指标控制图 (4) 道路交通及竖向规划图 (5) 工程管网规划图 (6) 地块划分图	1:5000～1:1000
修建性详细规划图	(1) 规划地段位置图 (2) 规划地段现状图 (3) 规划总平图 (4) 道路交通规划图 (5) 竖向规划图 (6) 市政设施规划图 (7) 绿化景观规划图 (8) 表达规划意图的透视图或鸟瞰图	1:2000～1:500

118. 什么是规划图例？

在编制规划时，把规划内容所包括的各种项目（如工业、仓储、居住、绿化等用地，道路、广场、车站的位置，以及给水、排水、电力、电信等工程管线）用最简单、最明显的符号或不同的颜色把它们表现在图纸上，采用的这些符号和颜色就叫规划图例。规划图例不仅是绘制规划图的基本依据，而且是帮助我们识读和使用规划图纸的工具。它在图纸上起着语言和文字的作用。城市规划图常用图例一般可分为以下几类：

（1）按照规划图纸表达的内容，城市规划图可分为用地图例、建筑图例、工程设施图例和地域图例四类。

凡代表各种不同用地性质的符号均称为用地图例，如居住建筑用地、公共建筑用地、生产建筑用地、绿化用地等；建筑图例主要表示各类建筑物的功能、层数、质量等状况；工程设施图例是体现各种工程管线、设施及其附属构筑物，以及为确定工程准备措施而进行必要的用地分析符号，如工程设施及地上、地下的各种管道、线路等；地域图例主要是表示区域范围界限，城乡居民点的分布、层次、类型、规模等。

（2）按照建设现状及将来规划设计意图，城市规划图可分为现状图例和规划图例两类。

现状图例是反映在建成范围内已形成为现状的用地、建筑物和工程设施的图例，如现状用地图例、现状管线图例等，它是为绘制现状图服务的；规划图例是表示规划安排的各种用地、建筑和各项工程设施的图例，它为绘制规划图纸服务。

（3）按照图纸表现的方法和绘制特点，城市规划图可分为单色图例和彩色图例两类。

单色图例主要是运用符号和线条的粗细、虚实、黑白、疏密的不同变化构成图例。彩色图例是绘制彩色图纸使用的，主要运用各种颜色的深浅、浓淡绘出各种不同的色块、宽窄线条和彩色符号，来分别表达图纸上所要求的不同内容。

需要指出的是,规划图例原来采用的是行业内通用的习惯画法。自2003年12月1日起,建设部发布和实施了《城市规划制图标准》(CJJ/T 97—2003),对规划图例作了明确的规定,所以在编制和阅读时应注意查看。问题121索引了该标准中一些常用图例。

119. 识读城市规划图的一般方法是什么?

(1) 首先应认真阅读文字部分,对规划整体有一个全面的了解。

无论是哪一层次的规划,最后的成果都是由图纸和文字来表达的。其中文字表达部分称为规划文件,它包括规划文本和附件、规划说明书及基础资料收入附件。规划文件主要用来说明对规划的各项目标和内容提出条文式、法规式和规定性要求;说明规划的结论;规划内容重要指标选取的依据、计算的过程、规划意图等图纸所不能表达的问题,以及在实施中要注意的事项。

因此,认真阅读规划文件可使我们对规划从整体上有一个全面的了解,从而可知该规划是属于哪个规划层次,规划意图是什么,要表达的主要内容是什么。

(2) 查看图纸比例,进一步确定规划图的规划阶段和层次,从而可知规划图要表达内容的详尽程度。

(3) 熟悉相关图例,将现状图与规划图对照阅读,全面了解规划的内容和意图。

(4) 通过风玫瑰图和指北针,以及污染系数玫瑰图,了解当地的主导风向,分析其规划布局的合理性。

120. 怎样评析城市总体规划?

评析要点:

(1) 是否与相关规划有较好的衔接,把握城市在国家与区域经济社会发展中的地位与作用。

(2) 城市性质的表述是否准确的体现了城市发展的主要职

能，论据是否充分。

（3）城市发展目标是否明确，是否与城市的主要职能相匹配，是否从实际出发，进行了可行性论证。

（4）城市人口规模是否充分考虑了城市经济发展水平、城市化水平及土地、水资源和环境条件的制约；是否运用多种预测方法作预测研究并经过科学论证；用地规模的确定是否从城市现状用地水平、城市职能需求及资源条件的实际出发，并坚持了节约和合理利用土地及空间资源的原则；是否符合国家基本农田保护及规划建设用地标准等有关规定。

（5）各类用地的空间布局是否有利于提高环境质量和生活质量，有利于繁荣经济，有利于交通组织，有利于历史文化、地方特色、自然景观的保护，有利于分期实施及可持续发展。

（6）各项建设用地比例的确定是否科学合理，有利于协调发展。

（7）以道路网络为骨干的综合交通是否构成了良好的体系；城市内部交通是否顺畅、便捷、高效；对外交通是否与区域发展相衔接、有多方向出入口、四通八达。

（8）能源、水源的供应、垃圾及污水处理、环境治理与保护是否落实了保障对策和分期实施措施。

（9）城市防灾和人防是否有明确的系统和分布实施的可能。

（10）上一版规划执行中存在的问题是否得到了妥善的解决。

（11）是否与国土规划、区域规划、江河流域规划等相协调。

（12）近期建设的规模、内容及政策措施是否具有可操作性。

实例分析：

图11-1为某城市总体规划的用地规划图。该市是位于我国东部沿海经济较发达地区的一个中心城市，城市性质为该市域行政、经济、文化中心，是一个以山水风光为特色的风景旅游城市。现状人均用地89m²/人，规划城市人口22万人，用地24km²，其中工业开发区用地9km²。城市东南侧有高速公路通过，河流两岸各有一个国家级风景区。

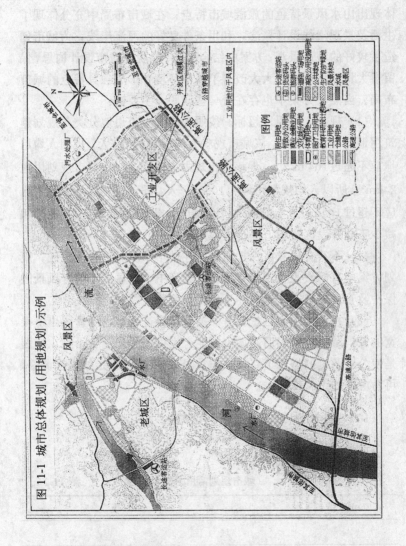

图 11-1 城市总体规划（用地规划）示例

综合评析该城市的总体规划方案可以看出，该总体规划用地功能分区明确，路网结构合理，与周边山水地形结合较好，充分体现出山水风景特色的旅游城市特点；在城市布局中充分体现了生活及景观岸线设计概念，利用条件良好的河流岸线，为城市创造了较好的城市景观；方案中结合山丘、地貌及城市设计构思，保留了大量绿化用地，大大改善了城市环境并形成独具特色的城市布局。当然，方案中也存在着一些问题，主要有：

(1) 规划人均用地超标。按照我国《城市用地分类与规划建筑用地标准》的规定，该城市现状人均用地89m^2/人，规划人均用地应不超过104 m^2/人。但该城市规划人口22万人，城市规划用地24km^2，所以人均规划用地为109 m^2/人，超过了"规划人均用地应不超过104m^2/人"的规定。说明开发规模较大，应适当控制和减少工业开发区规模，满足人均用地标准的规定。

(2) 不符合风景区保护原则。在城市东侧有一个风景区，规划方案中有两块工业用地布置在风景区中，这显然不符合风景区保护及管理要求，严重破坏了景区环境及景观。

(3) 在城市中心区位置有一条公路穿过城市，尽管留出了很宽的保护绿带，但仍旧对城市用地产生很大的分割和干扰，特别是使公路两侧的城市道路联系非常困难。应将公路走线进行调整，可考虑在城市外缘通过。

121. 城市规划常用图例有哪些？

参见表11-2。

城市规划常用图例　　　　表11-2

图例	名称	说明
城镇		
◎...6	直辖市	数字尺寸单位：mm（下同）

续表

图 例	名 称	说 明
城 镇		
◎ 6	省会城市	也适用于自治区首府
◎ 4	地区行署驻地城市	也适用于盟、州、自治州首府
⊙ ● 4	副省级城市、地级城市	
⊙ 4	县级市	县级设市城市
● 2	县城	县（旗）人民政府所在地镇
⊙ 2	镇	镇人民政府驻地
行 政 区 界		
5.0 4号界碑 0.8 3.6 1.0	国界	界桩、界碑、界碑编号数字单位mm（下同）
0.6 ─·─·─ 5.0 4.0	省界	也适用于直辖市、自治区界
0.4 ─··─··─ 5.0 3.0 2.0	地区界	也适用于地级市、盟、州界
0.3 ─·─·─ 3.0 5.0	县界	也适用于县级市、旗、自治县界
0.2 ─··─··─ 3.0 3.0 5.0	镇界	也适用于乡、工矿区界
0.4 ─·─ 1.0 4.0	通用界线（1）	适用于城市规划区界、规划用地界、地块界、开发区界、文物古迹用地界、历史地段界、城市中心区范围等等

续表

图 例	名 称	说 明
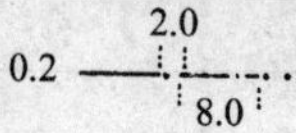 0.2 —— 2.0 ┊·┊·· 8.0	通用界线（2）	适用于风景名胜区、风景旅游地等地名要写全称
交 通 设 施		
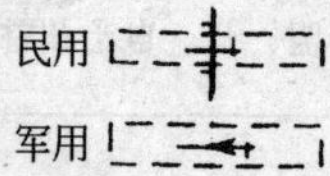 民用 ⊢┼⊣ 军用 ⊢┼⊣	机场	适用于民用机场 适用于军用机场
(码头图示)	码头	500 吨位以上码头
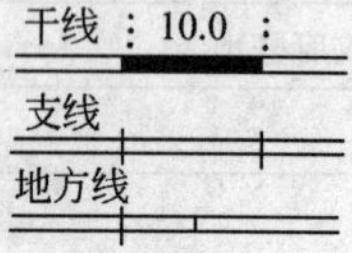 干线：10.0 支线 地方线	铁路	站场部分加宽  (铁路站场图示)
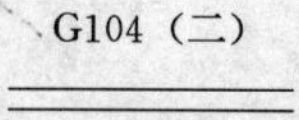 G104（二） ————	公路	G——国道（省、县道写省、县） 104——公路编号 （二）——公路等级（高速、一、二、三、四）
 (客运站图示)	公路客运站	
(公路用地图示)	公路用地	
地 形、地 质		
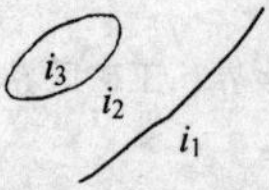 (坡度图示 i_3, i_2, i_1)	坡度标准	$i_1=0\sim5\%$，$i_2=5\%\sim10\%$，$i_3=10\%\sim25\%$，$i_4\geqslant25\%$
(滑坡区图示)	滑坡区	虚线内为滑坡范围

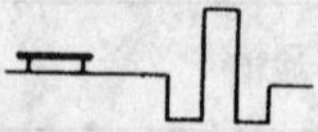

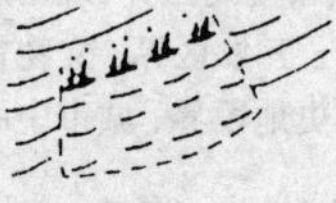

续表

图 例	名 称	说 明
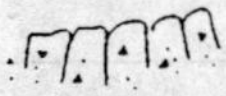	崩塌区	
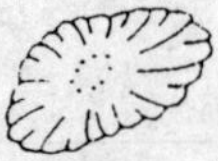	溶洞区	
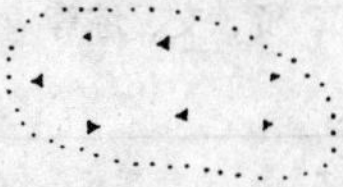	泥石地区	小点之内示意泥石流边界
	地下采空区	小点围合以内示意地下采空区范围
	地面沉降区	小点围合以内示意地面沉降范围
	活动性地下断裂带	符号交错部位是活动性地下断裂带
	地震烈度	X用阿拉伯数字表示地震裂度等级
	灾害异常区	小点围合之内为灾害异常区范围
Ⅰ Ⅱ Ⅲ	地质综合评价类别	Ⅰ——适宜修建地区 Ⅱ——采取工程措施方能修建地区 Ⅲ——不宜修建地区

续表

图例	名称	说明
	城镇体系	
 (同心圆 50, 20, 10, 5, 2)	城镇规模等级	单位：万人
 (工字符号)	城镇职能等级	分为：工、贸、交、综等
	郊区规划	
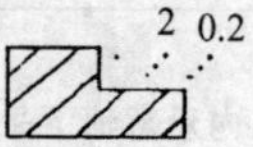 (2 0.2 斜线方块)	村镇居民点	居民点用地范围 应标明地名
 (2 0.2 斜线方块虚线)	村镇居民规划集居点	居民点用地范围 应标明地名
(水源地符号)	水源地	应标明水源地地名
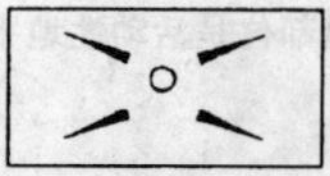 (矩形带星符号)	危险品库区	应标明库区地名
(火葬场符号)	火葬场	应标明火葬场所在地名
(公墓符号)	公墓	应标明公墓所在地名
 (交叉矩形)	垃圾处理消纳地	应标明消纳地所在地名
(农作物符号)	农业生产用地	不分种植物种类

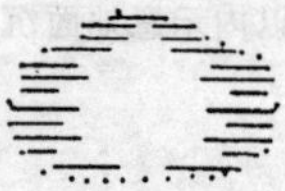

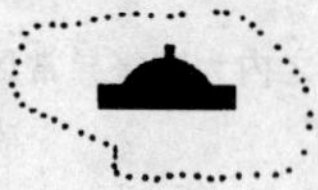

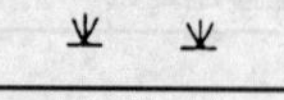

164

续表

图例	名称	说明
‖ ‖ ‖　‖ ‖	禁止建设的绿色空间	
⊥ ⊥ ⊥　⊥ ⊥	基本农田保护区	经与土地利用总体规划协调后的范围
城市交通		
	快速路	
	城市轨道交通线路	包括：地面的轻轨、有轨电车……地下的地下铁道……
	主干路	
	次干路	
	支路	
◆	广场	应标明广场名称
P	停车场	应标明停车场名称
●	加油站	
交	公交车场	应标明公交车场名称
↻	换乘枢纽	应标明换乘枢纽名称
给水、排水、消防		
井	水源井	应标明水源井名称

续表

图例	名称	说明
	水厂	应标明水厂名称、制水能力
	给水泵站（加压站）	应标明泵站名称
	高位水池	应标明高位水池名称、容量
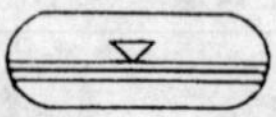	贮水池	应标明贮水池名称、容量
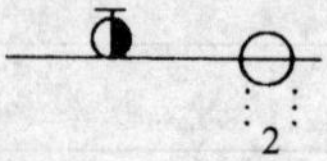	给水管道（消火栓）	小城市标明100mm 以上管道、管径大中城市根据实际可以放宽
	消防站	应标明消防站名称
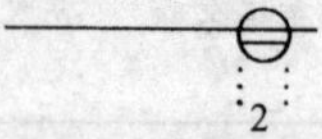	雨水管道	小城市标明250mm 以上管道、管径大中城市根据实际可以放宽
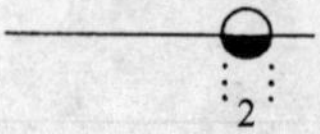	污水管道	小城市标明250mm 以上管道、管径大中城市根据实际可以放宽
	雨、污水排放口	
	雨、污泵站	应标明泵站名称
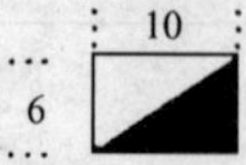	污水处理厂	应标明污水处理厂名称

续表

图例	名称	说明
电力、电信		
kW ⚡	电源厂	kW 之前写上电源厂的规模容量值
kW ⚡ / kV kV	变电站	kW 之前写上变电总容量 kV 之前写上前后电压值
kV / 地	输、配电线路	kV 之前写上输、配电线路电压值 方框内：地——地埋，空——架空
kV ∷∷∷ P	高压走廊	P 宽度按高压走廊宽度填写 kW 之前写上线路电压值
─○─	电信线路	
△ △ ▲	电信局 支局 所	应标明局、支局、所的名称
((((o))))	收、发讯区	
▌))))))))	微波通道	
□□	邮政局、所	应标明局、所的名称
✉	邮件处理中心	
燃气		
R	气源厂	应标明气源厂名称
DN / 压 Ⓡ	输气管道	DN——输气管道管径 压——压字之前填高压、中压、低压

续表

图 例	名 称	说 明
R_C / m^3	储气站	应标明储气站名称,容量
R_T	调压站	应标明调压站名称
R_Z	门站	应标明门站地名
R_q	气化站	应标明气化站名称
绿 化		
苗圃	苗圃	应标明苗圃名称
花圃	花圃	应标明花圃名称
专业植物园	专业植物园	应标明专业植物园全称
防护林带	防护林带	应标明防护林带名称
环卫、环保		
垃圾转运站	垃圾转运站	应标明垃圾转运站名称
H	环卫码头	应标明环卫码头名称
垃圾无害化处理厂(场)	垃圾无害化处理厂(场)	应标明处理厂(场)名称
H	贮粪池	应标明贮粪池名称
车辆清洗站	车辆清洗站	应标明清洗站名称

续表

图 例	名 称	说 明
H	环卫机构用地	
HP	环卫车场	
HX	环卫人员休息场	
HS	水上环卫站（场、所）	
WC	公共厕所	
 ◎	气体污染源	
 (~)	液体污染源	
 (∴)	固体污染源	
 (虚线圆带指针)	污染扩散范围	
 (虚线圆)	烟尘控制范围	
 (T形虚线)	规划环境标准分区	
防　洪		
 m^3	水库	应标明水库全称 m^3 之前应标明水库容量

169

续表

图例	名称	说明
 (P₅₀ 防洪堤图示)	防洪堤	应标明防洪标准
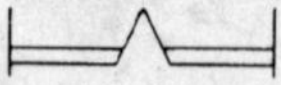 (闸门图示)	闸门	应标明闸门口宽、闸名
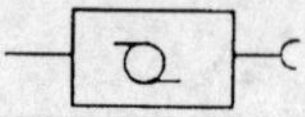 (排涝泵站图示)	排涝泵站	应标明泵站名称、⊸ 朝向排出口
 泄洪道 →	泄洪道	
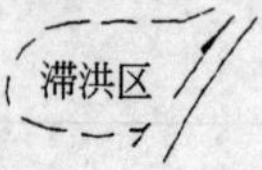 (滞洪区图示)	滞洪区	
人防			
 (人防区域图示)	单独人防工程区域	指单独设置的人防工程
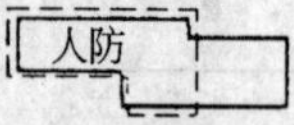 (附建人防图示)	附建人防工程区域	虚线部分指附建于其他建筑物、构筑物底下的人防工程
 (△人防图示)	指挥所	应标明指挥所名称
 (警报器图示)	升降警报器	应标明警报器代号
(防护分区图示)	防护分区	应标明分区名称
 (人防出入口图示)	人防出入口	应标明出入口名称

续表

图 例	名 称	说 明
 ▭▭▭▭▷	疏散道	
历史文化保护		
 国保	国家级文物保护单位	标明公布的文物保护单位名称
 省保	省级文物保护单位	标明公布的文物保护单位名称
 市县保	市县级文物保护单位	标明公布的文物保护单位名称,市、县保是同一级别,一般只写市保或县保
 文保	文物保护范围	指文物本身的范围
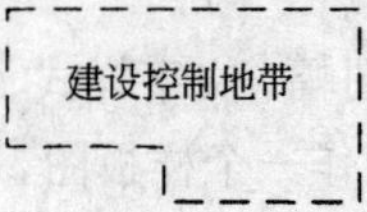 建设控制地带	文物建设控制地带	文字标在建设控制地带内
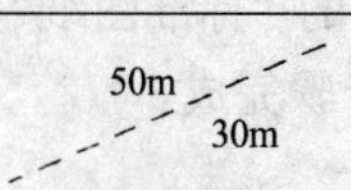 50m / 30m	建设高度控制区域	控制高度以米为单位,虚线为控制区的边界线
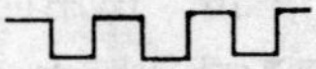 ⊓⊔⊓	古城墙	与古城墙同长
 🏠	古建筑	应标明古建筑名称
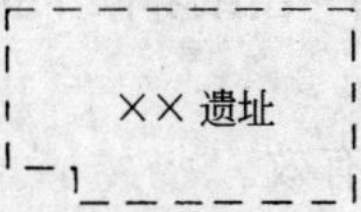 ××遗址	古遗址范围	应标明遗址名称

第十二章 计算机辅助建筑与装饰图

122. AutoCAD 在建筑工程中的主要作用有哪些？

AutoCAD 是美国 AutoDesk 公司研制开发的计算机辅助绘图与设计软件，是一种开放型人机对话交互式软件包。因其功能强大，可作为专业绘图软件的二次开发平台，国内许多建筑专用设计软件，如圆方、天正、ABD 等均以 AutoCAD 为开发平台；利用 AutoCAD 不仅可绘制各种二维工程图纸和三维图样，还可制作建筑物效果图；另外，AutoCAD 还具有由三维图生成二维图的功能等。

123. 如何在AutoCAD 中建立符合我国建筑制图国家标准的绘图环境？

为避免利用AutoCAD 绘图时，重复设置图幅、文字样式、尺寸样式等，可根据我国的建筑制图国家标准制作一个样板图，并可反复调用，使之成为一张带有符合国家标准的"标准图纸"，即制作一个标准的绘图环境。建议通过下面的步骤完成：

（1）利用"使用向导"做基本设置

文件→新建，显示【创建新图形】对话框，单击"使用向导"按钮→选择快速设置标签→确定→在【快速设置】对话框中，"单位"选小数，"区域"中，将宽度设为 420，长度设为 297→完成。

说明：①通过"格式→单位…"和"格式→图纸界限"的操作也可完成该步骤的设置；

②所设图纸界限只有在"ON"状态下才有效。

（2）检查设置结果：单击"栅格"按钮，显示栅格点。

(3) 显示整个图幅：使用 Zoom 命令中的显示全部（即 all）选项。

(4) 建立常用图层：根据建筑图的特点，可建立如下图层：

图层名称	颜色	线型	线宽
粗实线层	白色	Continuous	0.7
中实线层	蓝色	Continuous	0.4
细实线层	青色	Continuous	0.1
虚线层	紫色	ACAD_ISO02W100	0.1
中心线层	红色	ACAD_ISO04W100	0.1
标注层	绿色	Continuous	缺省
文字层	白色	Continuous	缺省
其他层	黄色	Continuous	缺省

说明：①根据需要，还可建立新的图层，如后面的木隔窗中线宽为 1 的图层。
②各层也可不设线宽，出图时统一用颜色控制。

(5) 建立文字样式

①建立名为"汉字"，字体为"仿宋体"的文字样式，用于书写汉字、特殊字符等。

②采用默认的名为"Standard——标准"，字体为"txt.shx"的文字样式，用于尺寸标注等。

(6) 绘制边框线及标题栏：按标准规定，绘制在相应图层上。

(7) 建立几种常用的尺寸标注样式：

①基于原有尺寸标注样式（即 ISO-25），根据建筑图标准，建立名为"建筑图尺寸样式"的，用于"所有标注样式"的新样式。（通过 Dimstyle 命令，调出【标注样式管理器】对话框，单击"新建"按钮；在【创建新标注样式】对话框中作设置后，单击"继续"按钮；在弹出的【新建标注样式】对话框中，选中"直

线和箭头"标签,将两个箭头均设为"建筑图标记",箭头大小设为3,在尺寸界限选项组中将"超出尺寸线"设为2,"起点偏移量"也设为2,选中"文字"标签,将文字"从尺寸线偏移"设为1)。

②基于"建筑图尺寸样式",建立用于"角度标注"的子样式,在【新建标注样式】对话框中,选中"直线和箭头"标签,将箭头改为"实心闭合";选中"文字"标签,将文字对齐设为"水平"。

③基于"建筑图尺寸样式",分别建立用于"直径标注"和"半径标注"的子样式,在【新建标注样式】对话框中,选中"直线和箭头"标签,将箭头改为"实心闭合";选中"调整"标签,选择"文字和箭头"。

根据需要,还可建立其他尺寸标注样式。

(8) 存盘:文件→另存为…,以"A3样板图"为名称,类型为".dwt",按所需路径存盘(在【样板说明】对话框中可输入"A3幅面建筑样板图")。

(9) 样板图的调用:

①利用已有样板图制作新样板图:

调出已有"A3.dwt"文件,利用下拉菜单:格式→图形界限…,将作图区域修改为594×420,重画边框线,调整标题栏位置,删除原边框线,换名存盘为"A2.dwt",即建立了一个与A3样板图设置相同的A2幅面的样板图。

②利用已有样板图绘制图形:

调出已有"A3.dwt"文件,绘制所需图形,以".dwg"的形式,换名存盘即可。

124. 利用AutoCAD绘制建筑平面图的主要方法和大致步骤是怎样的?

利用AutoCAD绘制建筑平面图一般可采用两种方法:

(1) 利用直线绘制命令(Line),结合偏移(Offset)、修剪

(Trim)、复制（Copy）、阵列（Array）等编辑命令。

（2）直接利用多线绘制命令（MLStyle）（MLine）及多线编辑命令（MLEDIT），必要时可利用Explode命令将多线炸开，然后使用一般的编辑命令。由于建筑图样中使用到多种墙线样式，所以可根据需要事先利用多线样式设置命令（MLStyle），设置几种常见的多线样式。

如欲突出效果，还可利用多段线命令（PLine），并按墙厚为其设置线宽，来绘制墙线。

现以图12-1（a）为例，说明使用第一种方法绘制的大致步骤：

（1）根据尺寸，在中心线层上，利用Line及Offset命令绘制出所有轴线，如图12-1（b）所示。

（2）利用Offset、Trim命令得到该平面图形的大致轮廓，然后将各轮廓线转移至粗实线层，如图12-1（c）所示。

（3）利用Line及Trim命令，借助辅助工具，在粗实线层绘制出门窗洞和墙垛轮廓，在中实线层上绘制出开启的门，如图12-1（d）所示。

（4）在细实线层上绘制花池、台阶等细部轮廓。

（5）将事先制作成块的窗户（最好在细实线层定义），按要求插入所在位置。（门及常用的洗手池、浴缸等均可提前制作为块，随时可按要求尺寸、位置等插入）。

（6）在标注层，按要求以"建筑图样式"的形式，标注全部尺寸。

（7）在文字层，以单行文本命令（DText），注写门窗代号及图形名称。

（8）将事先制作成块的标高符号、轴线符号（两者均可带属性）及指北针符号等按要求插入合适位置。

（9）完成全图，如图12-1（a）所示。

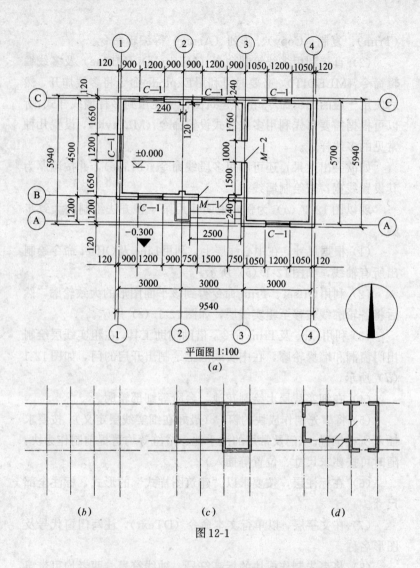

图 12-1

125. 如何根据已有的平面图绘制立面图和剖面图？

我们知道，建筑平面图、立面图和剖面图之间存在着"长对正，高平齐，宽相等"的"三等"规律，因此，当平面图绘制完成后，可使用构造线命令（XLine）或直接画线，利用"三等"规律绘制出立面图和剖面图，这样能大大减少尺寸输入次数，提高绘图效率。绘制立面图和剖面图的基本顺序同平面图大致相似，也应先绘制主要轮廓线，再绘制细部、标注尺寸、插入相应符号等。

126. 怎样绘制其他土木工程图样？

前面介绍的平、立、剖三种图样均属于建筑施工图，土木工程图样中还包括结构施工图、设备施工图以及道路、桥梁、涵洞和水利工程图等。这些图样中，虽然表达方法各不相同，但基本绘图方法大致是相同的，根据个人绘图重点的不同，可将常用图形制作成块，建立专业图形库，需要时将其调出，可按所需比例及旋转角度，插入到任意图形文件中。当然，也可参照题123的方法建立符合各自标准的样板图。

127. 建筑装饰的作用及特点是什么？主要应用在哪些地方？

建筑装饰应具有实用性和艺术性两方面的作用。实用性是指装饰应对建筑具有保护作用，使建筑物的寿命得以延长；艺术性是指装饰应同时能给人以美的享受。

建筑装饰的特点是灵活、生动的运用多种几何图案。为了在色彩和图案上求得完美的统一，图案的组合往往是多次重复。

建筑装饰主要应用于围墙、栏杆、建筑物的内、外墙面、地面、顶棚、门、窗、隔断等处。

128. 如何绘制图12-2（a）及图12-3（a）所示的地面图案？

观察图12-2（a），可知该地面图案主要为一大一小两正方形，小正方形的边长为大长方形边长的一半，且内部填充。本例通过给定数值的方法，说明图案的绘制步骤。

(1) 绘制4个边长为20的大正方形，5个边长为10的填充小正方形，以及表示地面范围的边长为200×190的长方形，如图12-2（b）所示。

（2）用阵列命令，将12-2（b）所示图形进行4行，4列，且行间距、列间距均为50的矩形阵列，得到图12-2（c）所示图形。

（3）用修剪、擦除等编辑命令去掉多余部分，即得图12-2（a）所示图案。

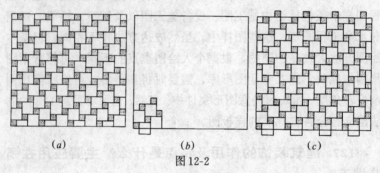

图12-2

观察图12-3（a），可知该地面图案主要由正六边形演变而得，绘制步骤如下：

（1）先绘制一半径为10的圆，再以内接方式（即Ⅰ方式）绘制对角为竖直方向的正六边形，经复制、分解、擦除等命令操作，得到图12-3（b）所示的基本形状。

（2）用复制、旋转等命令编辑图12-3（b），并绘制表示地面范围的边长为207.846×185的长方形，得到如图12-3（c）所示图形。

（3）用阵列命令，将图12-3（c）所示图形进行3行，4列，且

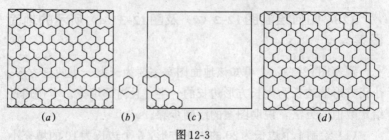

图12-3

行间距为60,列间距为51.9615的矩形阵列,得到12-3(d)所示图形。

(4) 用擦除命令编辑图形,即得图12-3(a)所示图案。

129. 如何绘制图12-4(a)及图12-5(a)所示的木隔窗图案?

该两图中均将线宽设置为1。可通过多段线命令设置或在线宽为1的图层上绘制。

图12-4(a)的绘制步骤如下:

(1) 绘制线宽为1、边长为40的正方形;用复制命令将该正方形在点B处复制出一个,使点B相对于点A的坐标为"@30,30";绘制表示窗框范围的线宽为1、边长为210的正方形,得到图12-4(b)所示图形。

(2) 用阵列命令将两边长为40的正方形进行4行,4列,且行间距、列间距均为60的矩形阵列,得到图12-4(c)所示图形。

(3) 用修剪、擦除等命令编辑图形,即得图12-4(a)所示图案。

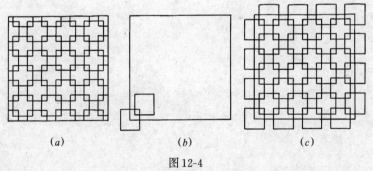

图12-4

图12-5(a)的绘制步骤如下:

(1) 绘制线宽为1、长为10的六段折线,如图12-5(b)所示。

(2) 以点A为阵列中心,对六段折线在360°范围内作环形阵列,得4组折线;作包容4组折线的。线宽为1、边长为60的正方形,得图12-5(c)所示图形。

(3) 用阵列命令将图12-5(c)所示图形进行3行,3列,且行间距、列间距均为60的矩形阵列,即得图12-5(a)所示图形。

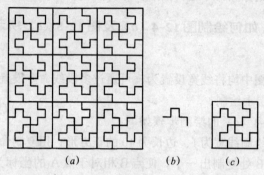

图 12-5

参考文献

1　王桂梅,冯秉超主编．土木工程图读绘基础．北京:高等教育出版社,1999
2　齐明超，梅素琴主编．土木工程制图．北京：机械工业出版社，2003
3　王子茹，黄红武主编．房屋建筑结构识图．北京：中国建材工业出版社，2001
4　魏秀本主编．建筑装饰识图．北京：中国统计出版社，2003
5　丁宇明，黄水生主编．土建工程制图．北京：高等教育出版社，2004
6　高祥生编著．装饰设计制图与识图．北京：中国建筑工业出版社，2002
7　杨光臣编．建筑电气工程图识读与绘制．北京：中国建筑工业出版社，2001
8　编委会．城市规划实务．北京：中国建筑工业出版社，2004
9　郝之颖等．城市规划实务．天津：天津大学出版社，2002
10　朱育万．画法几何及土木工程制图及配套习题集．北京：高等教育出版社，2001
11　许良乾，殷佩生．画法几何及水利工程制图．北京：高等教育出版社，2001
12　乔超等．AutoCAD2002建筑设计实例教程．北京：人民邮电出版社，2002
13　周岑皋，马怡红．建筑装饰图案集．上海：同济大学出版社，1987
14　何铭新等．建筑制图．北京：高等教育出版社，1994

建 工 书 讯

征订号	书　　名	定　价
12808	建筑工程质量百问(第二版)	29.00
13945	工程招标与投标百问	28.00
13947	工程建设法规百问	26.00
11562	土木工程施工实习手册	45.00
10094	建筑识图与房屋构造	34.60

欲知更多图书详情,请登陆中国建筑工业出版社网站 www.cabp.com.cn